Horváth/Gleich/Seiter
Controlling
10 Fallstudien aus der Unternehmenspraxis

Controlling
10 Fallstudien aus der Unternehmenspraxis

von

Prof. Dr. Dr. h.c. mult. Péter Horváth

Prof. Dr. Ronald Gleich

Prof. Dr. Mischa Seiter

Verlag Franz Vahlen München

Prof. Dr. Dr. h.c. mult. Péter Horváth war Inhaber des Lehrstuhls Controlling der Universität Stuttgart. Er ist stv. Aufsichtsratsvorsitzender der Managementberatung Horváth AG.

Prof. Dr. Ronald Gleich ist Vorsitzender der Institutsleitung des Strascheg Institute for Innovation, Transformation and Entrepreneurship (SITE) der EBS Universität für Wirtschaft & Recht, Oestrich-Winkel, und geschäftsführender Gesellschafter der Horváth Akademie GmbH, Stuttgart.

Prof. Dr. Mischa Seiter ist Professor für Wertschöpfungs- und Netzwerkmanagement am Institut für Technologie- und Prozessmanagement der Universität Ulm und wissenschaftlicher Leiter des International Performance Research Institute.

ISBN 978 3 8006 5368 3

Satz: Fotosatz Buck
Zweikirchener Str. 7, 84036 Kumhausen
Druck und Bindung: Nomos Verlagsgesellschaft mbH & Co. KG
In den Lissen 12, 76547 Sinzheim
Umschlaggestaltung: Ralph Zimmermann – Bureau Parapluie
Bildnachweis: hun thomas – depositphotos.com
Gedruckt auf säurefreiem, alterungsbeständigem Papier
(hergestellt aus chlorfrei gebleichtem Zellstoff)

Vorwort

Es gibt zum Controlling inzwischen eine Vielzahl von Lehrbüchern, die das Controlling-Fachwissen mit instruktiven Beispielen aus der Praxis hervorragend vermitteln. Wir meinen, dass unser Lehrbuch (*Horváth/Gleich/Seiter,* „Controlling", 13. Aufl., München 2015) ebenfalls zu diesen Lehrbüchern zählt und nicht nur von Studenten, sondern auch von Praktikern gerne in die Hand genommen wird. Zur Ergänzung und Vertiefung des Lehrbuchwissens sind auch mehrere Übungs- bzw. Fallstudienbücher auf dem Markt.

Die Übungsbücher beinhalten überwiegend Rechenaufgaben zu Controllingthemen. Die Fallstudienbücher präsentieren meist kleine – vom Autor selbst konzipierte – Fälle mit klar definierten Fragestellungen und eindeutigen „Lösungen".

Unser Fallstudienbuch geht in dreifacher Hinsicht über die gängige Übungs- und Fallstudienliteratur hinaus:

- Erstens stammen unseren Fallstudien aus realen Unternehmen und wurden dort mit den Verantwortlichen gemeinsam erarbeitet. (Die Unternehmen haben wir natürlich anonymisiert.)
- Zweitens sind in unseren Fallstudien komplexe Fragestellungen eingebettet, die der Leser selbst – wie in der Realität – entdecken und fokussieren soll.
- Drittens konfrontieren wir die Fallstudien mit führenden Praxisexperten, um durch deren erfahrungsbezogene Sicht eine noch größere Realitätsnähe zu erreichen.

Zur Beschäftigung mit den Fallstudien

Unsere Fallstudien wollen nicht Detailfachwissen in Form von übersichtlichen, kleinen, präzise lösbaren Aufgaben vermitteln. Uns geht es vielmehr darum, die Fähigkeiten des Lesers zum strukturierten Problemlösen zu stärken. Dahinter steht unsere Überzeugung, dass Controller sich heute und vermehrt in der Zukunft als Problemlöser bewähren müssen. Fundiertes Fachwissen wird dabei natürlich vorausgesetzt.

Die Fallstudien stellen jeweils eine komplexe betriebliche Situation mit zahlreichen Akteuren dar. Probleme gibt es zuhauf. Die Hauptaufgabe besteht zunächst darin, eine Hauptproblemstellung (meist) aus Controllersicht zu identifizieren.

Es hat sich bewährt – auch in der Praxis – immer von der erkannten Problemstellung aus Top-down vorzugehen und die einzelnen Lösungsbausteine daraus Schritt für Schritt zu entwickeln. Hierbei ist u. E. zweierlei zu beachten: Ein Lösungsansatz in der Realität ist immer auf der Zeitachse zu sehen, d.h. eine Projekt-„Roadmap" mit Meilensteinen ist nie verkehrt. Dann ist davon auszugehen, dass die Problemlösung arbeitsteilig umgesetzt wird. Also muss klargestellt werden, wer welche Aufgaben und Verantwortung im Rahmen der Lösung wahrzunehmen hat.

Eine Problemstellung muss in der Praxis überzeugend kommuniziert werden. Insofern sollte sie am besten gleich in Gestalt einer Präsentation abgefasst werden.

Aufbau des Buches

Unsere zehn Fallstudien orientieren sich grob an den sieben Kapiteln unseres Lehrbuches, wobei allerdings die „Ganzheitlichkeit" der Fälle über einzelne Kapitelinhalte hinausgeht. Der Aufbau je Fallstudie ist wie folgt:

- Kurze Hinführung zum Themenbereich der Fallstudie mit Verweisen auf die entsprechenden Kapitel bzw. Abschnitte des Lehrbuchs,
- Darstellung der Fallstudie (in der Regel mit ergänzenden Organigrammen, Tabellen etc.),
- Lösungsvorschläge von zwei namhaften Experten aus der Praxis,
- Lösungsvorschlag der Autoren,
- Beispiele für wichtige denkbare Fragestellungen, die über die Fallstudienfragestellung hinausgehen. Diese sollen zum Weiterdenken anregen und sind nicht Teil der Musterlösungen.

Danksagung

Wir bedanken uns bei allen Praxispartnern, die mit ihrem Erfahrungsschatz und ihrem Engagement dieses Übungsbuch ermöglicht haben. Dies gilt sowohl für alle im Buch namentlich genannten Lösungsautoren als auch im Besonderen für alle anonymen Beispielgeber, die mit ihren Unternehmen für die Fallstudien Pate standen.

Wir bedanken uns herzlich bei Herrn Matthias Kaufmann, der uns bei der Erarbeitung der Fallstudien und deren Lösungen unterstützt hat. Er hat die Verwirklichung dieses Projekts umfassend koordiniert und die Abstimmungen mit den Praxispartnern vorgenommen.

Bei der Erarbeitung der Fallstudien hat uns ebenfalls Herr Sebastian Kasselmann unterstützt, wofür wir auch ihm sehr zu Dank verpflichtet sind.

Für die Mitarbeit an der Fallstudie BahnBus AG bedanken wir uns herzlich für die sachkundige Unterstützung bei Herrn Peter Sinn und dem Team der Firma CP Corporate Planning.

Zum guter Letzt danken wir unserem Lektor Herrn Dennis Brunotte, der dieses Projekt wieder zuverlässig verlagsseitig begleitet, mitgestaltet und ermöglicht hat.

Stuttgart, im Frühjahr 2017

Péter Horváth
Ronald Gleich
Mischa Seiter

Inhaltsverzeichnis

Das Steuerungsproblem und seine Lösung durch Controlling

1

Hinführung

Der Steuerungsprozess, d.h. die Ausrichtung eines Unternehmens auf ein strategisches Ziel hin, wird – angetrieben von der Globalisierung und der technologischen Entwicklung (Digitalisierung!) – immer komplexer. Gleichzeitig wächst die Notwendigkeit, schnell und flexibel zu agieren.

Es hat sich weltweit bewährt, die Unternehmenssteuerung durch das Zusammenspiel zweier Akteure zu realisieren. Der Manager ist dabei der Entscheidungsverantwortliche, ihm steht zur Seite der Controller, der ihm die entscheidungsrelevanten Informationen zur Verfügung stellt und als „Business Partner" des Managers dafür sorgt, dass die Steuerung unternehmensweit koordiniert funktioniert (vgl. auch *Abb. 1*).

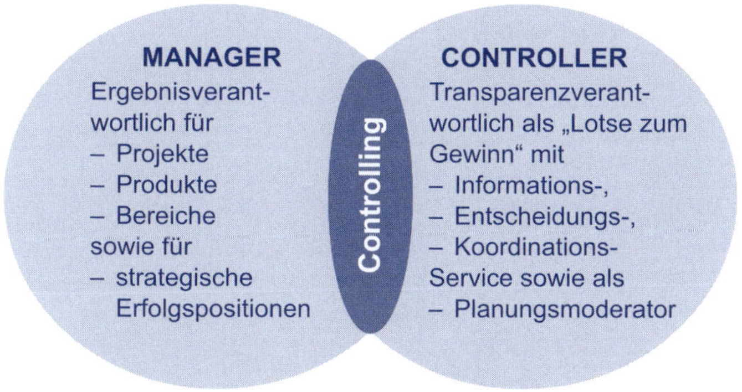

Abb. 1: Controlling als Schnittmenge zwischen Manager und Controller (Internationaler Controller Verein e.V. o.J., S. 3)

Das Steuerungsproblem wird besonders in wachstumsorientierten mittelständischen Unternehmen herausfordernd, die sowohl die Internationalisierung als auch die Digitalisierung gleichzeitig meistern wollen.

Hier stellt sich die Frage, wie der Beitrag des Controllers zur Steuerung in Abhängigkeit von der Wachstumsstrategie des Unternehmens weiterentwickelt werden soll:

- Wie soll der Controllingbereich am zweckmäßigsten organisiert werden?
- Welches Kompetenzprofil braucht ein Controller heute und in nächster Zukunft?

Weiterführende Informationen in unserem Lehrbuch

- In Kapitel 1: Das Steuerungsproblem und die Rolle des Controllers im Steuerungsprozess (Kap. 1.1, 1.2, 1.5, 1.6).
- In Kapitel 6: Anforderungen an die Person des Controllers (Kap. 6.5) und Einführung und Weiterentwicklung des Controllingsystems (Kap. 6.6).

Fallstudie 1: Maier GmbH – Das Steuerungsproblem

Maier GmbH	
Branche	Automobilzulieferer (Mechatronik)
Umsatz	ca. 950 Mio. EUR
Mitarbeiter	ca. 8.000 Mitarbeiter

Dr. Hugo Maier, der Vorsitzende der Geschäftsführung des Familienunternehmens Maier GmbH, sieht große Herausforderungen auf sein Unternehmen in den nächsten Jahren zukommen und warnt:

„Wenn wir uns in der globalen Geschäftswelt weiterhin erfolgreich präsentieren wollen, dann müssen wir ab sofort weg von unserem zentralistischen Denken und dem direktiven Umgang!"

Dr. Hugo Maier, Vorsitzender der Geschäftsführung der Maier GmbH

Dr. Maier ist von Haus aus Betriebswirt und gehört zur dritten Generation der Gründerfamilie Maier. Das Unternehmen ist dabei, eine anspruchsvolle Langfriststrategie mit dem Titel „Maier 2030" zu erarbeiten, um so die Herausforderungen zu meistern und die Zukunftschancen zu nutzen. Man ist sich einig darüber, dass hierbei die Dimensionen Innovationsführerschaft, effiziente Wertschöpfung, „familiäre" Unternehmenskultur und effektive Unternehmenssteuerung eine integrative Einheit bilden müssen.

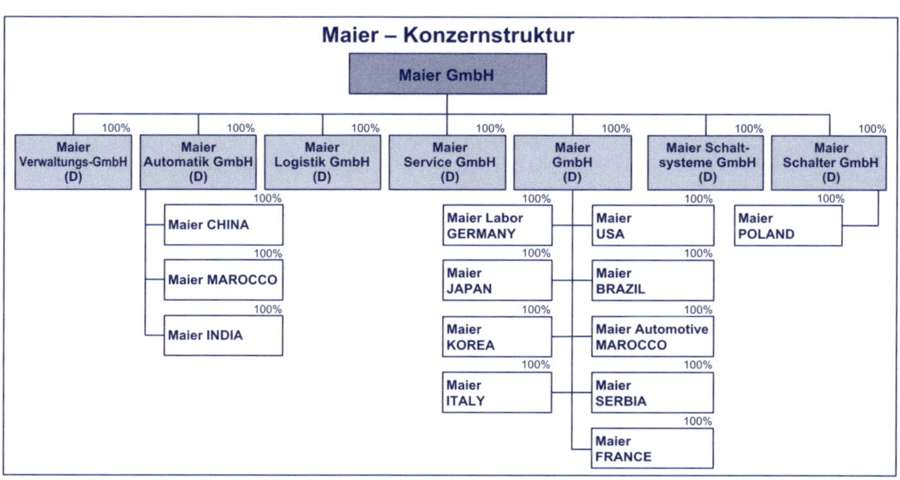

Abb. 2: Konzernstruktur der Maier GmbH

Die Firma Maier wurde 1931 von zwei Brüdern, dem Techniker Johannes Maier und dem Kaufmann Jacob Maier im ländlichen Hunsrück gegründet. Zunächst fertigte das Unternehmen selbstentwickelte Schalter für Elektrogeräte und -werkzeuge. Das Unternehmen wuchs erfolgreich und kontinuierlich. 1970 hatte man mit 1.000 Mitarbeitern einen Jahresumsatz von 50 Mio. DM erzielt. Man hat die Transformation von der Feinmechanik zur Elektronik gut gemeistert und wurde Ende der 1970er Jahre mit kundenspezifischen Schaltern Zulieferer der Automobilindustrie. Inzwischen gewann man mehrere „Supplier Awards". 1981 wurde die erste ausländische Tochtergesellschaft in den USA gegründet. Hierauf folgten zahlreiche Produktions- und Vertriebsstandorte weltweit.

Heute beschäftigt die Maier GmbH gut 8.000 Mitarbeiter mit 14 internationalen Produktionsstandorten weltweit. Der Gründungsort im abgelegenen Hunsrück ist weiterhin Sitz der Firmenzentrale. Drei Viertel des Umsatzes macht das Unternehmen mit der Automobilindustrie (Zündschlösser, Antennen, Steuerungskomponenten etc.). Das Unternehmen ist bis heute zu 100 % in Familienbesitz der zwei Familienstämme Johannes und Jacob Maier. Die Unternehmensführung ist dreiköpfig: Dr. Hugo Maier vertritt dort die Interessen der Familie, zwei familienfremde Geschäftsführer unterstützen ihn. *Abb. 2, 3, 4* und *5* zeigen organisatorische Strukturen des Unternehmens.

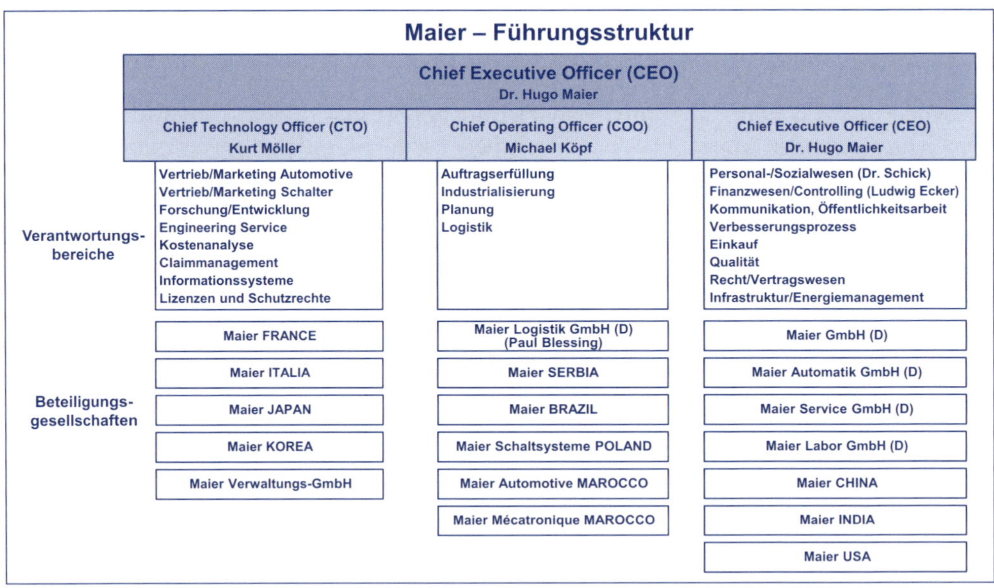

Abb. 3: Führungsstruktur der Maier GmbH

In einem Workshop in der Eifel hat die erweiterte Unternehmensführung die Eckpunkte der langfristigen Strategie als Ausgangsprämisse für strategische Teilprojekte herausgearbeitet. Die Runde war sich dabei einig, dass das kontinuierliche profitable Wachstum unter Einhaltung des Status als unabhängiges, im Hunsrück verwurzeltes Familienunternehmen das oberste Ziel aller Planungen sein muss.

„Geld ist ein wichtiger Faktor, aber nicht alles!"

Dr. Hugo Maier, Vorsitzender der Geschäftsführung der Maier GmbH

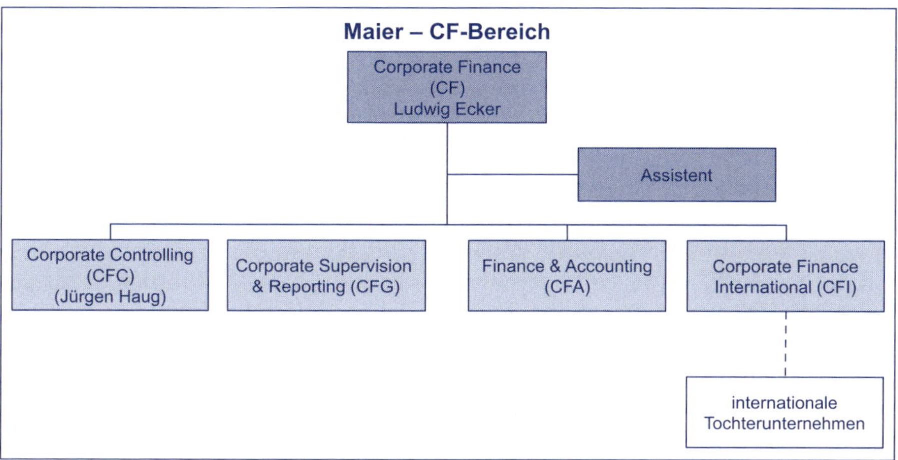

Abb. 4: CF-Bereich der Maier GmbH

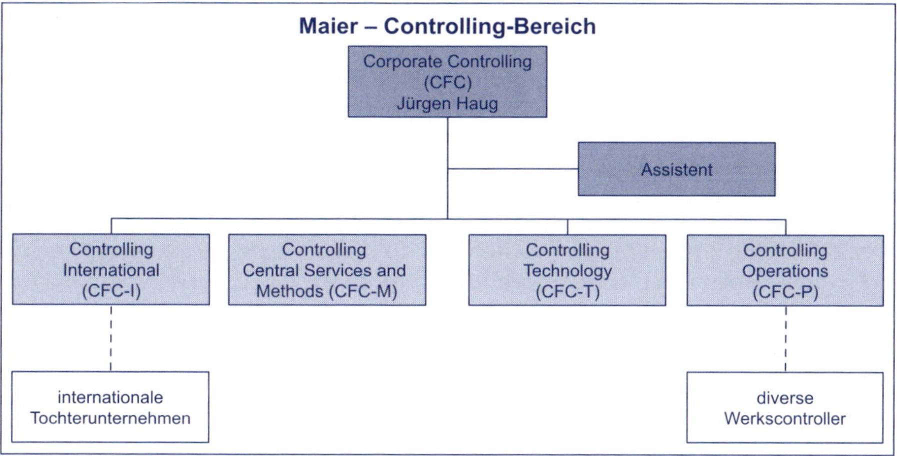

Abb. 5: Controlling-Bereich der Maier GmbH

Sechs große miteinander verwobene Schlüsselthemen wurden bei der Sitzung in der Eifel identifiziert:

- Die Globalisierung ist fortzusetzen: Die Maier GmbH soll in der „Triade" (Europa, Nordamerika, Ferner Osten) ihre Position ausbauen.
- Festigung der Position als Zulieferer der Automobilindustrie: Dem wachsenden Druck der OEM soll standgehalten werden.

- Die Innovations- und Technologieführerschaft ist zu erhalten: Die Transformation vom Teile- zum Systemlieferanten soll vorangetrieben werden.
- Dem Fachkräftemangel ist entgegenzuwirken: Standortbedingte Nachteile sind auszugleichen; dem globalen Mangel an Fachkräften (Softwarespezialisten fehlen weltweit!) ist mit „pfiffigen" Ideen zu begegnen.
- Effizienzverbesserungen sind Pflicht: Die „teureren" Arbeitsplätze im Hunsrück sollen erhalten werden – dem Kostendruck ist global standzuhalten.
- Die Chancen von Industrie 4.0 sind wahrzunehmen: Automatisierung, weltweite Vernetzung und „Echtzeitsteuerung" sollen Maier schneller und flexibler machen.

Ludwig Ecker, Leiter Finanzen und Controlling der Maier GmbH, der direkt an Dr. Maier berichtet, initiierte unmittelbar nach dem Strategiemeeting, an dem er selbst auch mitwirkte, einen Workshop, bei dem er die Konsequenzen und „to do's", vor allem für die Unternehmenssteuerung – volkstümlich bei Maier Controlling genannt – bearbeiten will. Mit dabei sind Jürgen Haug, der Controller, der an Herrn Ecker berichtet, sowie Paul Blessing, der Supply Chain-Chef, und Michael Köpf, der für „Operations" weltweit zuständig ist. Ludwig Ecker wollte direkt mit den Schlüsselpersonen des Maier-Wertschöpfungsprozesses sprechen, um ihre Anregungen und Kritik einzuholen.

Für ihn steht als Fazit aus dem Strategiemeeting die Bewältigung des internationalen Wachstums an erster Stelle, was er gegenüber der Runde wie folgt äußert:

„Wir sind im Grunde noch ein Mittelständler, der sich in den nächsten zehn Jahren zum Weltkonzern mausern will. Die Finanzen sind dabei bei 40 % Eigenkapitalquote und bei bescheidenem Entnahmeverhalten der Gesellschafter nicht das Problem, aber unsere zentralisierte Kultur! Wir wollen immer noch alles vom Hunsrück aus regeln!"

Ludwig Ecker, Leiter Finanzen und Controlling der Maier GmbH

Der Controller Jürgen Haug schaltet sich an dieser Stelle sofort ein. Er meint: „Wir sind immer noch ein von Technikern dominiertes Unternehmen, in dem der Kaufmann nur die zweite Geige spielt."

Ecker weist darauf hin, dass die großen strategischen Ziele nur zu erreichen seien, wenn Techniker und Kaufleute Hand in Hand arbeiten. Beim Projektcontrolling in der Entwicklung würde dies schon hervorragend funktionieren. Das sei sehr wichtig für die Angebotserstellung an OEM, da die OEM zunehmend Aufträge über Auktionen vergeben. Hier müsste man genau im Voraus wissen, welche Aufträge welche Deckungsbeiträge liefern würden und sich gegebenenfalls an diesem Spiel gar nicht beteiligen. Viele Konkurrenten würden hier häufig Target Costing in der Entwicklung einsetzen.

Da meldet sich Paul Blessing, der Logistikchef, zu Wort: „Wir müssen konsequent vom Push- zum Pull-Prinzip in der Steuerung kommen, damit wir nicht mehr unnötig Lagerbestände produzieren. Auch der Bullwhip-Effekt macht uns immer wieder Schwierigkeiten." Blessing macht auch auf die Investitionsanforderungen des geplanten Wachstums aufmerksam: „Wir brauchen mehr

Logistikflächen und mehr Personal weltweit! Schließlich bringt die Logistik zunehmend auch Add-on Services für die OEM-Kunden, die man nicht outsourcen kann." Blessing lobte „seinen" Controller, der zwar der Zentrale zugeordnet ist, aber ihm vor Ort sehr „proaktiv" zuarbeite. Budgets und Kennzahlen interpretiere er so, dass jeder im Logistikbereich wisse, woran er ist. Dennoch nehme die Komplexität stetig zu – das Controlling müsste mehr unterstützen, jedoch leide es auch an mangelnder Personalkapazität.

Michael Köpf, der die Produktion weltweit koordiniert und die Werke in Deutschland operativ leitet, pflichtet Blessing bei. Ihn treibe die Herausforderung um, wie seine „Operations" weltweit effizienter und kundenorientierter werden könnten. „Je mehr Schnittstellen es zwischen verschiedenen Bereichen gibt, desto mehr Transaktionskosten entstehen." Auch Köpf wünscht sich aktive Controller vor Ort. „Controlling heißt für mich nicht, im Folgemonat sagen zu können, wie es war. Mein Controller muss einen geschärften Blick auf die Realität haben und nicht darauf, was im SAP steht!"

Maier GmbH	**Stellenbeschreibung Werkscontroller** **Job description Plant-Controller**	
	Deutsch	Englisch
Kurzbeschreibung der Aufgabe: Job description summary:	• Werkscontroller Erstellung monatliches Werksreporting, Analyse der Abweichungen und deren Kommentierung Verfolgung der Werkskennzahlen Analyse der Serienkalkulation Wirtschaftlichkeitsberechnungen Erstellung von FC/Planung für das Werk	• Plant Controller Creation of definied monthly reports, analyzing of deviations and explanation in the comments Monitoring of key performance indicators (KPI) Define corrective actions to improve KPI'S Analyzing of the product calculation Efficiency calculations Coordination of the forecast and budget process
Vorgesetzter disziplinarisch: Senior disciplinary:	• Leiter Finanzen und Controlling (CF)	• Head of Finance and Controlling (CF)
Vorgesetzter fachlich: Reports to:	• Vice President Controlling (CFC) • Manager Controlling „Operations" (CFC-P)	• Vice President Controlling (CFC) • Manager Controlling „Operations" (CFC-P)
Einstellungstermin: Starting date:	• Sofort	• Immediately
Ausbildung: Education:	• Betriebswirtschaftliches oder technisches Studium	• Degree in Business Administration or Industrial Engineering
Besondere Kenntnisse, Fähigkeiten: Special experience, capabilities: Persönliche Anforderungen: Personal skills:	Fremdsprachen: Englisch obligatorisch Erfahrung mit SAP R/3 Modul CO wünschenswert Weitere SAP-Kenntnisse (Modul MM, PP), Excel Kenntnisse Einige Jahre Berufserfahrung im Controlling eines internationalen Konzerns Durchsetzungsvermögen, selbstständiges Arbeiten, Belastbarkeit, Teamfähigkeit, Kommunikationsstärke, Verschwiegenheit, hohes Maß an Vertrauenswürdigkeit	Languages: Englisch mandatory Know how SAP R/3 CO modul preferable Additional Know how in SAP (modul MM, PP) and Excel Several years of work experience in Controlling in an international group Assertiveness, independent working, able to cope with pressure, team player, communication skills, high reliability, high trustability

Abb. 6: Stellenbeschreibung

Jürgen Haug kann sich an dieser Stelle nicht mehr zurückhalten: „Mein Verständnis ist doch auch, dass das Controlling betriebswirtschaftliche Unterstützung liefern soll! Wir werden aber häufig erst hinzugezogen, wenn das Kind bereits in den Brunnen gefallen ist. Stichwort Angebotskalkulation." Haug sieht die Entwicklungsnotwendigkeiten zur Unterstützung und Begleitung der weiteren Internationalisierung. „Wir können aber nicht vom Hunsrück aus weltweit controllen" wird ihm vorgehalten. Die Stichworte „Shared Services" und „Digitalisierung" fallen in der hitzigen Diskussion.

Haug weist auf seine Personalnot hin: „Wie soll ich handverlesenes Personal bei unserem Standortnachteil finden?" Die Runde ist sich einig, dass ein exzellenter Controllingprozess ein Schlüsselfaktor für das erfolgreiche internationale Wachstum ist. Der inzwischen hinzugerufene Personalchef Dr. Schick berichtet über seine Aktivitäten zum Personalmarketing und zur Personalentwicklung. Er betont: „Schlechte Kommunikation und Reibungsverluste bei der Zusammenarbeit sind oft der Grund für Ineffizienz und Zeitverluste." *Abb. 6* zeigt die Stellenbeschreibung für Werkscontroller des Unternehmens.

Dr. Schick wird nun gebeten, in Kooperation mit dem CF-Bereich ein Kompetenzprofil „Controller 2030" analog zur Langfriststrategie des Unternehmens auszuarbeiten und über neue Wege zur Personalentwicklung und zum Personalmarketing nachzudenken. Die Runde ist sich auch darüber einig, dass man Strukturen und Prozesse der Unternehmenssteuerung im Hinblick auf ihre Zukunftsfähigkeit überprüfen will.

Lösungsvorschläge von Experten aus der Praxis

Siegfried Gänßlen, Vorstandsvorsitzender des Internationalen Controller Vereins e. V. (ICV), Wörthsee

Ich würde Herrn Ludwig Ecker (Leiter Finanzen und Controlling) und Herrn Jürgen Haug (Controller) empfehlen, das Controlling nicht nur als Business Partnering, sondern auch bewusst als Marke zu positionieren. Diese Positionierung bedeutet eine stärkere Kundenorientierung („von push zu pull"). Ziel sollte sein, alle Führungskräfte bei der Umsetzung der strategischen Ziele in den Operations zu unterstützen. Das Controlling muss Lösungen nicht nur vorschlagen, sondern einfordern und auch operationalisieren.

Eine wichtige Rolle spielt dabei der Steuerungsprozess im Unternehmen: Er muss für alle schlüssig und transparent sein, wodurch der Mehrwert des Controllings aufgezeigt wird („Controlling must add value").

Generell müssen für die Gewichtung der Kompetenzen des Controllers der Markt, der Wettbewerb und auch das Kunden-Know-how betrachtet werden. Der Controller (steht durchgängig auch für „die Controller") muss die Key challenges des Unternehmens Maier GmbH für alle im Unternehmen verständlich machen und „Mitstreiter" bei der Umsetzung von Lösungen sein. Diese Key challenges sind mit Sicherheit

- die Globalisierung,
- der Druck der OEM,
- die Innovations- und Technologieführerschaft (Transformation vom Teile- zum Systemlieferanten vorantreiben),
- das Talentmanagement und die Personalentwicklung,
- die notwendige Effizienzsteigerung sowie
- die Veränderungen durch Industrie 4.0 (z. B. schnellere und flexiblere Prozesse).

Weiterhin ist es für den Controller in einem techniklastigen Umfeld wichtig, die **Technologien zu verstehen und in verständlicher Sprache zu kommunizieren**, um dadurch die Maier GmbH auf dem Weg zur Innovationsführerschaft zu stärken. Zudem muss der Strategieprozess aus unternehmerischer Sicht geleitet werden, mit der Denke und dem Blick eines Investors.

Für die Herausforderung der Globalisierung sind ebenfalls spezielle Skills notwendig:

- Wirksame Steuerung von globalisierten Unternehmensstrukturen, Vertrieb und Produktionsnetzwerken,
- Compliance-Regeln kennen und durchsetzen,
- US-GAAP oder IFRS kennen – HGB-Know-how allein reicht bei Weitem nicht mehr aus,
- Steuerungsprozesse mit SAP als weltweiten Standard umsetzen und automatisieren,

- das Reporting umgestalten (IT-getrieben, mobil verfügbar, individualisiert auf Managertypen, Drill-Down-Funktion und Simulation) und
- Talententwicklung.

Das Controlling selbst muss bei einem globalisierten Geschäftsmodell regional verankert sein (Center of Excellence oder Competence Center). Es muss die Schritte der Globalisierung zerlegen.

Auch müssen Changeprozesse gemanagt werden und das Controlling muss helfen, die **Wettbewerbsstrategie aufzubauen** und durchzuführen, sowie Gegenstrategien zu entwickeln.

Für den Innovationsprozess sind folgende Skills notwendig:

- Innovationsprozess steuern in Bezug auf Zielkosten, Zielpreise und Zielerträge,
- frühzeitige Plausibilitätschecks mit Roadmaps,
- Innovations-U-Boote aufspüren und stoppen,
- zu starke Standardisierung verhindern – Innovation ist ein kreativer Prozess,
- strategische Abstimmung zu den operativen Innovationsaktivitäten überwachen,
- die Innovationspipeline zielorientiert steuern,
- transparentes Reporting ermöglichen (Stage-Gate-Prozesse, Portfolio- und Szenario-Management, …),
- innovative Controllingprozesse installieren und fördern sowie
- Innovation als Treiber für Kostensenkungen einsetzen.

Das Controlling muss außerdem das **Thema „Digitalisierung" weiter vorantreiben**. Es sollte die Strategie und die strategischen Initiativen zur Digitalen Transformation mitentwickeln und begleiten sowie den strategischen Wandel institutionalisieren. Dazu zählt z. B. die Entwicklung neuer KPIs, passend zu den digitalen Geschäftsmodellen. Hierfür müssen das Know-how der Controller in statistischen Methoden (Analytics) und IT-Anwendungen weiterentwickelt und gefördert werden.

Ein weiterer zu nennender Ansatzpunkt ist die Einführung einer innovativen Human Resources-Abteilung. Die Veränderung wird in der Unternehmenswelt zum Alltag und Wandlungsfähigkeit wird demzufolge zum Erfolgsfaktor. Die Business-Strategie hat somit direkte Auswirkungen auf das Recruiting und Talentmanagement. Einen Vorschlag für die Neuorganisation der HR-Abteilung zeigt *Abb. 7*.

Der „neue" Personalchef sollte möglichst zuvor in Funktionen in den Bereichen Vertrieb, Service, Produktion oder Finanzen gearbeitet haben, um ein tiefgehendes Verständnis für diese Themen zu haben. Er sollte eine gewisse Innovationskultur innerhalb seiner Abteilung etablieren: Die HR-Abteilung muss durch eigene, aktive Impulse zur Ideenschmiede werden.

Auch die **Einführung eines Trend-Radars** ist notwendig: Externe Megatrends müssen frühzeitig erkannt werden (z. B. demografische Veränderungen, Diversity, Generationen Y und Z, soziale Medien etc.) und Konzepte entwickelt werden.

Abb. 7: Vorschlag zur Neuorganisation der HR-Abteilung

Die HR-Abteilung muss weitergehend stärker von KPIs getrieben werden und die Messbarkeit von Maßnahmen ermöglicht werden. Hierbei ist die Unterstützung durch das Controlling sinnvoll.

Für das Talent Scouting wäre ein Vorschlag, die Softwarespezialisten, Daten-Analysten und Data Scientists intern auszubilden. Zusätzlich könnten von außen Experten ins Unternehmen geholt werden. Eine Herausforderung, die gelöst werden muss, ist die Frage, wie solche Talente im ländlichen Hunsrück zu halten sind.

In der allgemeinen Kultur des digitalen Wandels muss auch die HR-Abteilung als Treiber fungieren. Das Thema „Big Data" ist für die HR-Abteilung gleichzeitig sicher von Vorteil: Der Erfolg von Trainingsmaßnahmen kann bewertet werden und es können Voraussagen über das Mitarbeiterverhalten getroffen werden.

Die Rolle des Controllers im Unternehmen sollte die des anerkannten Business Partners sein, der proaktiv Entscheidungen hinterfragt und dabei als Unterstützer und Berater des Managements agiert. Er muss Menschen und Zahlen verbinden. Zusammengefasst gesagt werden die wesentlichen Treiber für das Change Management durch die Digitalisierung der Wertschöpfungskette und der Geschäftsmodelle hervorgerufen. Letztendlich gilt: Der Controller kann nur so gut sein, wie es das Unternehmen zulässt!

Kai Grönke, Partner und Leiter des Competence Center CFO Strategy & Organization bei Horváth & Partners Management Consultants, Düsseldorf

Die Maier GmbH steht als international tätiges Unternehmen vor der Herausforderung, die fortschreitende Globalisierung und die technologischen Trends, die aus Industrie 4.0 resultieren, für sich nutzbar zu machen, um ihre Position als erfolgreicher Zulieferer der Automobilindustrie für elektronische Schalterkomponenten auszubauen. Aufbauend auf der Strategie „Maier 2030" stellt sich die Frage, wie die neue Strategie im CF-Bereich zu operationalisieren ist. Als unmittelbare Maßnahmen werden zunächst folgende Themen im Kompetenzprofil „Controller 2030" fokussiert:

- Verbesserung der Unternehmenssteuerung: Weg von rückblickender Entscheidungsunterstützung hin zu vorwärts gerichteter Steuerungsunterstützung.
- Controlling als Business Partner: Dezentralisierung von Controlling-Kompetenzen, um eine aktivere und zielgerichtete kaufmännische Unterstützung vor Ort bieten zu können.
- Aufbau neuer Kompetenzen: Identifikation der erforderlichen Profile für ein modernes Controlling und Anpassung der Rekrutierungs- und Personalentwicklungsprozesse.

Zur Erarbeitung der umfassenden und schlüssigen Lösungsansätze müssen verschiedene Aspekte definiert werden, die sich in fünf Module zusammenfassen lassen:

Erstens ist der **Strategieprozess als Instrument zur Unternehmenssteuerung zu begreifen**. Dieser wird im CF-Bereich konsequent fortgesetzt. Zu diesem Zweck werden aus der Unternehmensstrategie die Ziele und Leitplanken für den CF-Bereich abgeleitet und für den Bereich „Controlling" im Detail beschrieben. Zum anderen wird das sich daraus ergebende Strategie-System messbar gemacht. Hierzu wird eine „Balanced Scorecard (BSC)" als Steuerungsinstrument eingeführt. Ausgehend von der Strategie „Maier 2030" und in Einklang mit den strategischen Zielen des CF-Bereichs wird damit einhergehend die Vision und Mission für den Controlling-Bereich beschrieben. So werden die Ziele, das Selbstverständnis, Ambitionsniveau und Zusammenspiel des Controllingbereichs mit den weiteren Unternehmensbereichen in der Wertschöpfungskette transparent beschrieben.

Zweitens sind die **Rollen und Verantwortlichkeiten auf die internen Kundenbedürfnisse auszurichten**. Ein klar definiertes Einordnungsraster strukturiert die Aufgaben des Controllers und richtet sie auf die Bedürfnisse der Kunden des Controllingbereiches aus. Die Maier GmbH unterscheidet hierzu in die Rollen „Governance", „Production" sowie „Business Partnering". Der Rolle Governance werden alle Aufgaben zugeordnet, die fachlichen Führungscharakter haben und auf Einheitlichkeit, Effizienz und Compliance zielen. Dazu zählen bspw. das Vorgeben einheitlicher Methoden, Templates, Prozesse oder Systeme mit dem Ziel, die Professionalisierung und Konsistenz der Controlling-Prozesse und -Methoden in der Gruppe zu erhöhen. Die Rolle „Production" fasst die transaktionalen Aufgaben des Controllers zusammen. Hierzu zählen z. B. die Stammdatenpflege, die Kosten- und Ergebnisrechnung und das Reporting. Für diese Tätigkeiten wird ein hoher Zentralisierungsgrad angestrebt. Für die Regionen Europa, Nordamerika und Ferner Osten werden nun schrittweise drei „Shared Service Center (SSC)" unter einer zentralen Service-Organisation aufgebaut und gemäß eines prozessualen Aktivitätensplits klar definierte Aufgaben der bisher dezentralen Organisation gebündelt. Mit der Rolle „Business Partner" verbinden sich alle Aufgaben des Management-Prozesses der Zielfindung, Planung und Steuerung der Unternehmensgruppe, einzelner Funktionen oder einzelner Tochtergesellschaften. Die Idee ist hierbei, ausgewählte Controlling- und Beratungskompetenzen dort vorzuhalten, wo Entscheidungen getroffen werden und eine kaufmännische Unterstützung und Analyse erforderlich ist. Dabei kann der Business Partner aufgrund seiner Nähe zu den operativen Geschehnissen sehr tiefe Kenntnisse und Einblicke aufbauen, die eine zielgerichtete Unterstützung für operative und strategische Entscheidungsträger ermöglichen.

Drittens sind die **Organisationsstrukturen schlank und effizient zu gestalten.** Basierend auf dem Rollenmodell und dem dazu erforderlichen Aktivitätensplit werden die Organisationseinheiten neu geschnitten und dimensioniert sowie deren Führungsanbindung definiert (disziplinarisch, fachlich). Die teilweise noch dezentral verankerten Methoden- und Systemaufgaben werden konsequent in den zentralen „Services and Methods"-Bereich verlagert. Die Controller in den Bereichen Technology und Operations werden von transaktionalen Aufgaben befreit und damit in ihrer Rolle als Business Partner gestärkt. Parallel werden die Standorte für die neuen Service Center ausgewählt und die transaktionalen Controlling-Services Stammdatenpflege, Kosten- und Ergebnisrechnung und Reporting gemeinsam mit weiteren Finance & Accounting-Services dort aufgebaut. Diese Verlagerung der Tätigkeiten setzt voraus, dass die Verantwortlichkeiten der abgebenden und aufnehmenden Einheiten neu definiert und die Schnittstellen im Detail beschrieben werden. Ausgehend von dem Aktivitätensplit werden die Übergabepunkte in den Prozessen neu definiert und die verantwortlichen Mitarbeiter und Kompetenzbereiche damit klar geregelt. Über diesen Weg werden Redundanzen in den lokalen Gesellschaften eliminiert, Verantwortlichkeit klar geregelt und die notwendige Spezialisierung mit entsprechenden Effizienzgewinnen erzielt. Darüber hinaus werden die Prozesse in den Service Centern nun schrittweise digitalisiert. Die im Finanzbereich angestrebte Automatisierung soll schrittweise auch auf die Controlling-Prozesse übertragen werden. Durch die Automatisierung und Digitalisierung der Prozesse wird z. B. die Planung, das Forecasting und das Reporting für die Business Partner optimiert. So werden in einem „Labor", welches Teil der Service-Organisation ist, neue innovative Lösungen auf der Basis von „Szenario-Techniken" und „Predictive Analytics" erprobt.

Viertens sind **vorwärts gerichtete Steuerungsinstrumente einzuführen**. Die Entlastung der Business Partner von transaktionalen Aufgaben auf der einen Seite und die Einführung des „Controlling Labors" auf der anderen Seite, führen zu einer stärkeren Zukunftsorientierung der Business Partner. Die Nutzung der neuen Technologien im optimierten Forecast (FC)-Prozess führt zu deutlich schnelleren und aussagekräftigeren Analysen. Tools und Methoden des „Predictive Analytics" erhöhen die FC-Genauigkeit und verbessern die Vorhersagetiefe. Der Business Partner kann auf diesen Daten aufsetzen und so deutlich mehr Zeit für die Analyse, Kommentierung und Beratung verwenden. Die sehr hohe Datendichte der Maier GmbH aus der Historie, den Innovationsfeldern, der Fertigung und dem Betrieb sowie aus dem kaufmännischen Bereich wird zukünftig deutlich besser genutzt als dies in der Vergangenheit möglich war. Im Ergebnis wird eine schnellere Generierung von entscheidungsunterstützenden Daten erreicht, die Zusammenhänge und Abhängigkeiten aufzeigen, die bisher unbekannt und ungenutzt geblieben sind.

Als fünfter Punkt sind die **Prozesse zu digitalisieren**. Im Zuge der Digitalisierung lassen sich immer mehr Geschäftsvorfälle und prozessuale Aktivitäten raum- und zeitunabhängig bei gleichzeitiger Aufrechterhaltung lokal notwendiger Besonderheiten abwickeln. Die Komplexität in der Unternehmensstruktur und im Geschäftsmodell lässt sich durch eine höhere Integration der IT-Systeme und die Nutzung moderner Softwarelösungen immer besser in den Griff bekommen. So wird beispielsweise zukünftig jeder Finanzprozess auf den Prüfstand gestellt und hinterfragt, welche Prozessabschnitte im Finanzbereich zukünftig weiter automatisiert werden können. Die im Finance & Accounting angestrebte Automatisierung z.B. durch Robotic Process Automation (RPA) soll schrittweise auch auf die Controlling-Prozesse übertragen werden. Im Besonderen die sehr transaktionalen Prozessabläufe eignen sich für diese Art der Automatisierung und sind schon aufgrund des weiter oben geforderten Aktivitätensplits identifiziert. Dabei dürfen die Tätigkeiten auch durchaus systemübergreifend ablaufen, da mittels RPA Systemgrenzen überwunden werden und die Integration der IT-Systeme gefördert wird.

Die vorgestellten Optimierungsvorschläge zu diesen fünf Dimensionen werden in letzter Konsequenz aber nur realisierbar sein, wenn auch die entscheidende Dimension „Mitarbeiter und Ressourcen" entsprechend gestaltet wird. Die Rolle eines Business Partners zu übernehmen oder als Daten-Spezialist innovative Zusammenhänge zu identifizieren, benötigt durchaus andere Skills als beispielsweise fachliche Detailfragen aus dem Umfeld des Accountings zu bearbeiten. Aus diesem Grund wird für die Maier GmbH das Set an erforderlichen Kompetenzen neu definiert und jede Kompetenz mit einem passenden Profil beschrieben. Dabei wird jedes Profil einem konkreten Job und damit auch einer Organisationseinheit zugeordnet. Über diesen Weg der Differenzierung der Kompetenzen wird ebenfalls die Attraktivität des Controllingbereichs für potenzielle neue Mitarbeiter gefördert. Mitarbeiter können ihre Fähigkeiten zielgerichteter einbringen und werden in ihren individuellen Kompetenzen besser entwickelt. Die heute noch fehlenden Kompetenzen wie bspw. die des Data Specialists für die Big Data-Use Cases werden bei der Personalgewinnung mittels neuer, moderner Kompetenzprofile gezielter rekrutiert.

Die oben aufgeführten Maßnahmen zur Veränderung innerhalb der Maier GmbH und vor allem im Bereich „Controlling" erzielen nur durch die zielgerichtete Verzahnung der einzelnen Aktivitäten die gewünschte Lösung. Aus diesem Grund ist es notwendig, die Maßnahmen der „Controller 2030"-Strategie im Rahmen eines Transformationsprogramms zu organisieren und somit integral vorzugehen. Jede Maßnahme wird individuell beschrieben und geplant, sodass daraus einzelne Projekte gebildet werden können, deren Abhängigkeiten und zeitlichen Abfolgen klar beschrieben sind. Eine übergeordnete Roadmap und eine klare Transformationsorganisation stellen den Programmerfolg sicher. Parallel zur Umsetzung der Transformation wird ein Umsetzungscontrolling etabliert, um im Verlauf auch (nach-)steuern zu können. Zusätzlich bleibt die grundsätzliche Unternehmensführung und -steuerung – unterstützt durch die BSC – nachhaltig verankert.

Lösungsvorschlag der Autoren

- Das Unternehmen Maier GmbH muss das Geschäftsmodell und die Unternehmensstrukturen auf den Prüfstand stellen, um den Unternehmenserfolg weiterhin zu sichern. Es muss eine konkrete Roadmap zu „Maier 2030" definiert werden.
- Eine Balanced Scorecard kann dabei als Handlungsrahmen dienen.
- Das Controlling muss gestärkt und die Controller müssen proaktiv ausgerichtet werden. Zentrale Richtlinienkompetenz und gleichzeitig dezentrales „Business Partnership" sind die Leitlinien dieser Neuausrichtung.

Ausgangssituation

Das Unternehmen mit Sitz im ländlichen Hunsrück ist in den vergangenen Jahrzehnten sehr erfolgreich gewesen und will ein kontinuierliches profitables Wachstum als unabhängiges Familienunternehmen in der zunehmend globalisierten Umwelt beibehalten. Das bisherige Geschäftsmodell und die Strukturen im Controlling sind diesbezüglich noch zu zentralistisch geprägt.

Problemstellung

Die Fallstudie weist auf eine dreistufige Fragestellung hin: Wie will sich das Unternehmen Maier der diagnostizierten Herausforderung stellen – d.h. wie sieht eine Roadmap zu „Maier 2030" konkret aus? Wie ist der „Maier 2030"-adäquate „Controllingprozess 2030" zu gestalten? Schließlich ist zu klären, welche Kompetenzanforderungen sich folglich an die Controller aus dem „Controllingprozess 2030" ergeben.

Lösungsansätze

Diese drei Fragen hängen eng zusammen: Die vordergründige Frage nach dem „richtigen" Controllingnachwuchs kann nur beantwortet werden, nachdem man eine Vorstellung über den zukünftigen Controllingprozess entwickelt hat. Der zukünftige Controllingprozess wiederum muss zur strategischen Unternehmensentwicklung „passen".

Hierzu muss die Unternehmensstrategie zum einen das Ziel, das globale Wachstum der Maier GmbH profitabel voranzutreiben und zum anderen das Ziel, die Digitalisierung als effektivitätsverbessernde Chance zu nutzen, enthalten. Daraus ergeben sich auf Ebene der Unternehmenssteuerung die Themen Dezentralisierung sowie Digitalisierung der Steuerungsprozesse. Wie die Controllerbereiche weiterentwickelt werden müssen, ist schemenhaft in *Abb. 8* dargestellt.

Hinsichtlich der Kompetenzanforderungen an die kommende Controllergeneration bedeutet dies, dass unter anderem mehr Know-how der Wertschöpfungsprozesse vor Ort bei Maier verlangt wird. Des Weiteren werden neben dem klassischen Controllingwissen zusätzlich noch Kenntnisse von Business Analytics sowie IT benötigt.

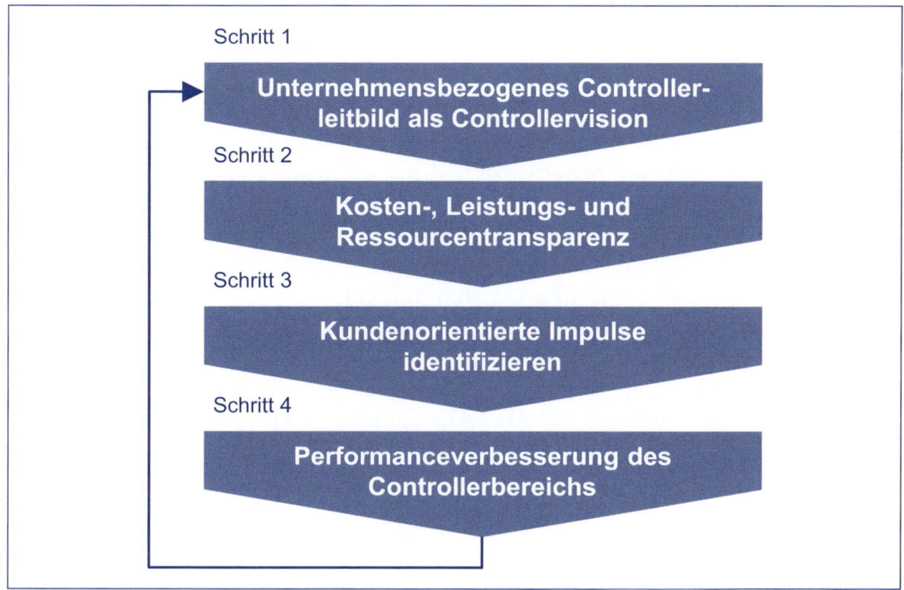

Abb. 8: Grundkonzept für die Weiterentwicklung des Controllerbereichs und des eingesetzten Controllingsystems (Horváth/Gleich/Seiter 2015, S. 437)

Der Erfolg einer Strategie ist nur so gut wie ihre Umsetzung. Die Strategie „Maier 2030" ist als Projekt zu verstehen. Das heißt, die einzelnen Projektinhalte müssen als Projektmodule systematisiert werden. Um ein strukturiertes Vorgehen zu ermöglichen, ist eine Roadmap zu erarbeiten. Die Operationalisierung sollte mittels Performance Measure, integriert in eine Balanced Scorecard (vgl. *Abb. 9*), geschehen.

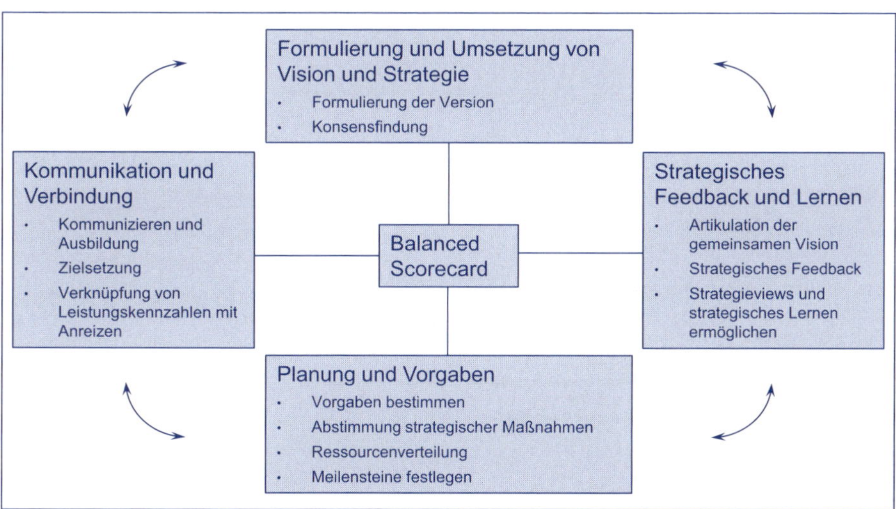

Abb. 9: Balanced Scorecard als strategischer Handlungsrahmen (Horváth/Gleich/Seiter 2015, S. 115)

Ausgangspunkt muss die Analyse der „Strategy Readyness" sein. Für das Controlling ist die Stärkung und proaktive Ausrichtung der Controller vor Ort vorrangig: Zentrale Richtlinienkompetenz und dezentrales „Business Partnership". Die Einrichtung von „Shared Services" für die operativen Steuerungsinformationen ist anzustreben. Auch ist die Schnittstelle Manager/Controller neu zu justieren, um mehr Selbstcontrolling zu ermöglichen. Auf Ebene der Controller-Kompetenzprofile bedeutet dies, dass mehr unternehmerisches Denken, mehr IT-Know-how und mehr Kenntnisse in Business Analytics erforderlich sind. Aufgrund dieser Anforderungen gilt für den Personaler, die gezielte Personalentwicklung des vorhandenen Controllerdienstes (z.B. Seminarprogramm, Rotation, Quereinsteiger etc.) und das Personalmarketing für die zukünftigen Controller zu verstärken (z.B. systematische Zusammenarbeit mit Hochschulen, Social Media etc.). Die Erarbeitung von Controlling-Anforderungsprofilen (vgl. *Abb. 10* und *Abb. 11*) und die Erhebung der „Strategy Readyness" der Controller sind als Sofortmaßnahme dringend zu empfehlen.

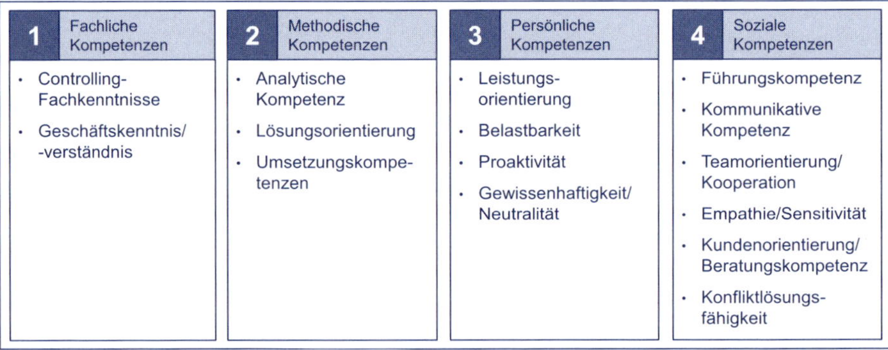

Abb. 10: Allgemeine Controller-Kompetenzen (Horváth/Gleich/Seiter 2015, S. 431)

Abb. 11: Entwicklung der Rolle des Controllers bei Hansgrohe (Gänßlen et al. 2011, S. 26)

Weiterführende Fragestellungen

Das Thema der globalen Steuerung der Maier GmbH könnte in zwei miteinander verknüpfte Richtungen vertieft werden:

- Wie soll die Automatisierung von Controllingprozessen mit Aufbau eines Shared Service Centers vorangetrieben werden?
- Welche Auswirkungen hat die Umsetzung von Industrie 4.0 bei der Maier GmbH auf den Controllingprozess?

2 Das koordinationsbasierte Controllingsystem

Hinführung

Controlling im heutigen Sinne ist durch die Notwendigkeit entstanden, arbeitsteilige und häufig hochkomplexe Organisationen auf ein übergeordnetes Ziel hin auszurichten und zu steuern. Im Fokus des Controllings steht somit die Koordination. Manager und Controller als gemeinsame Gestalter und „Betreiber" des Steuerungsprozesses haben die Koordinationsaufgabe wahrzunehmen. Koordination können wir – in der knappsten Form formuliert – als das Abstimmen von Entscheidungen auf ein gemeinsames Ziel hin verstehen.

Koordination hat zwei Ausprägungen, die sich ergänzen:

- Die sogenannte „systembildende" Koordination hat zur Aufgabe, Strukturen und Prozesse zu schaffen, die gewissermaßen die „Hardware" der Abstimmungen bilden sollen: klar definierte, vernetzte Organisationsstrukturen, Planungs- und Kontrollprozesse, Informationsverarbeitungsmethoden etc..
- Die Festlegung von Strukturen und Prozessen im Voraus darf kein starrer Rahmen sein, sondern muss – je nach Flexibilitätsanforderungen – eine adäquate Offenheit erlauben, um sich neuen Anforderungen anzupassen. Unter Umständen muss z.B. die Möglichkeit bestehen, bei unerwarteten Entwicklungen ad hoc neue Wege der Abstimmung einzuschlagen. Dies ist die „Software" in der geschaffenen Systemstruktur. Wir sprechen von „systemkoppelnder" Koordination.

Das Finden der richtigen „Balance" zwischen festen und flexiblen Strukturen und Prozessen ist eine Aufgabe, die Erfahrungswissen benötigt. Elementare Fragestellungen in Bezug auf die Gestaltung der Controllerfunktion sind:

- Arbeitsteilung und Kompetenzabstimmung zwischen zentralem und dezentralem Controlling?
- Flexibilität und „Granularität" der Planungs- und Kontrollprozesse?
- Mitwirkungskompetenzen des Controllers in Entscheidungsprozessen?

Wichtig ist, dass das Controllingsystem nicht isoliert betrachtet wird, sondern als Teil des gesamten Führungssystems der Organisation. Wie ist die Führungsstruktur? Welcher Führungsstil herrscht vor? Dieser Kontext ist wesentlich für das Zusammenspiel in der Steuerung der Organisation.

Gleichzeitig darf die Koordinationsaufgabe nicht mechanistisch oder bürokratisch wahrgenommen werden. Verhaltensaspekte spielen bei der Wirksamkeit von Lösungsansätzen eine große Rolle. Eigeninteressen und Rationalitätsverzerrungen der Beteiligten sind stets zu beachten. Gerade in komplexen, vielschichtigen Organisationen ist die Beachtung der Diversität erfolgskritisch bei der Umsetzung neuer Ideen.

Weiterführende Informationen in unserem Lehrbuch

- In Kapitel 2: Begriff und Ausprägungen der Koordination, das koordinationsbasierte Controllingsystem (Kap. 2.3).
- In Kapitel 6: Gestaltungsvariablen der Controllingorganisation (Kap. 6.3) und Einführung und Weiterentwicklung des Controllingsystems (Kap. 6.6).

Fallstudie 2: EMA – Weiterentwicklung des Controllings

EMA – Energie & Mobility Agentur	
Branche	Öffentliche Forschungsorganisation in den Bereichen Energie, Mobilität, Gesundheit und Luftfahrt
Umsatz	ca. 1 Mrd. EUR
Mitarbeiter	ca. 8.000 Mitarbeiter

Die EMA ist eine wichtige öffentliche Forschungsdachorganisation der Bundesrepublik Deutschland. Sie nimmt wichtige Forschungsaktivitäten im Auftrag der Bundesregierung wahr. Ihre Finanzierung erfolgt aus unterschiedlichen öffentlichen und privatwirtschaftlichen Quellen. Der Jahresumsatz beträgt ca. 1 Mrd. EUR.

Die EMA hat ca. 8.000 Mitarbeiter an 15 Standorten in der Bundesrepublik. Das stark diversifizierte Forschungsportfolio wird in 29 Forschungsinstituten bearbeitet. Das politische Umfeld und seine Veränderungen tragen zur weiteren Komplexitätserhöhung in der Ausrichtung und Steuerung der EMA bei. Dazu gehört auch die Einbindung in nationale und internationale Verbünde. Folglich ist die Gesamtausrichtung der EMA sowie die Optimierung der Steuerung hier eine Daueraufgabe. Diese Aufgabe wird durch vier neu in die EMA aufgenommene Institute mit etwas unklarem Profil gegenwärtig zusätzlich weiter erschwert. Dem Vorstand sind diese Herausforderungen sehr bewusst. Daher lautet der „Claim": „Align EMA! – Koordination einer komplexen, öffentlichen Forschungsdachorganisation".

Dank des stellvertretenden Vorstandsvorsitzenden Herrn Karl Hofmann, der aus der Privatindustrie kommt, wurden in den vergangenen zehn Jahren wichtige Integrationsprojekte zum Strategieprozess, zur Organisationsstrukturierung

Mission der EMA

Wir sind	**Forschungs- und Entwicklungszentrum**	▪ Gestalter/Architekt in Luftfahrt ▪ Treiber/Initiator in Verkehr, Energie und Gesundheit ▪ Innovationstreiber/Experimentator/„Realisierer" ▪ wissenschaftliche-technische, unabhängige Einrichtung ▪ Bildungseinrichtung und Ausbildungsbetrieb ▪ effizienter und effektiver Manager von Forschungsprojekten
Wir wollen sein	▪ weltweit anerkanntes, bekanntes und führendes Zentrum; anerkannt für Zuverlässigkeit, Qualität/Präzision, Kompetenz, Leistungsfähigkeit, Effizienz/Effektivität und Zukunftsorientierung in Forschung und Management/Koordinierung ▪ Treiber/Gestalter in Forschung und Entwicklung in Luft- und Raumfahrt, Energie, Mobilität und Gesundheit ▪ gesuchter, zentraler Partner von Wissenschaft/Wirtschaft – national, europäisch, international – inkl. „Sprachrohr"/„Promoter" für Wissenschaft, z.B. KMU ▪ Impulsgeber, gefragter Berater und Moderator in Wissenschaft, Politik, Wirtschaft und Gesellschaft ▪ attraktiver Arbeitgeber	

Abb. 12: Mission der EMA

und zum Aufbau eines Controllingsystems durchgeführt und umgesetzt. Karl Hofmann und sein schlagkräftiges Team haben – mit der Unterstützung externer Berater – Wichtiges zur Ausrichtung und Integration der EMA geleistet:

„Wir sind heute halbwegs <u>ein</u> Unternehmen!"

Karl Hofmann, stellv. Vorstandsvorsitzender der EMA

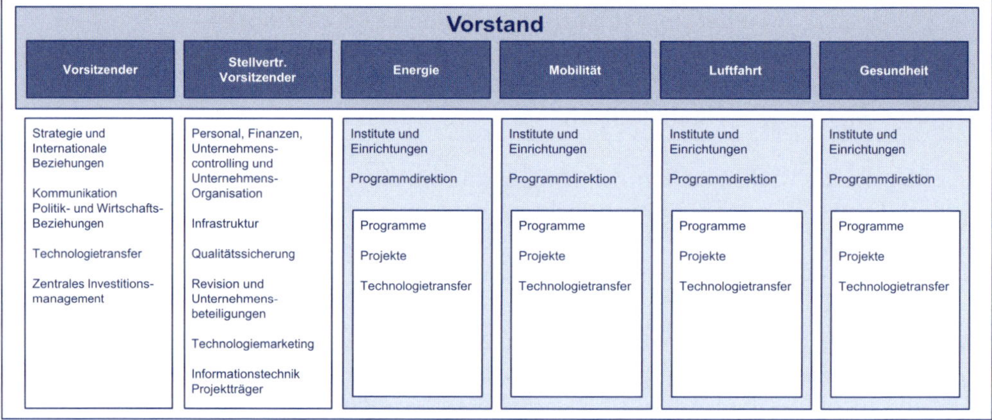

Abb. 13: Organisationsstruktur der EMA

Der Kern der Organisationsstruktur ist eine Matrix: Über vier Programmdirektionen sollen die selbstständigen Institute programmbezogen koordiniert werden.

Den vier Leitern der Programmdirektionen (sie sind zugleich EMA-Vorstände) ist auch jeweils eine Anzahl von Instituten unterstellt, d.h. sie haben in der Matrix sowohl eine „horizontale" als auch eine „vertikale" Zuständigkeit (vgl. *Abb. 14*).

Programmdirektionen	29 Institute
Energie	
Mobilität	
Luftfahrt	
Gesundheit	

Abb. 14: Matrix-Organisationsstruktur

Die Institute erhalten ca. 50 % ihrer Mittel über Projekte aus den vier Programmdirektionen, die „restlichen" 50 % müssen sie über sog. „Drittmittelprojekte" einwerben. Größere Investitionen müssen bei der Zentrale beantragt werden, die einen EMA-Investitionsplan aufstellt.

Die EMA ist Teil eines nationalen Forschungsverbundes, in dem forschungspolitisch induziert die programmatischen Weichen für sie gestellt werden. Der

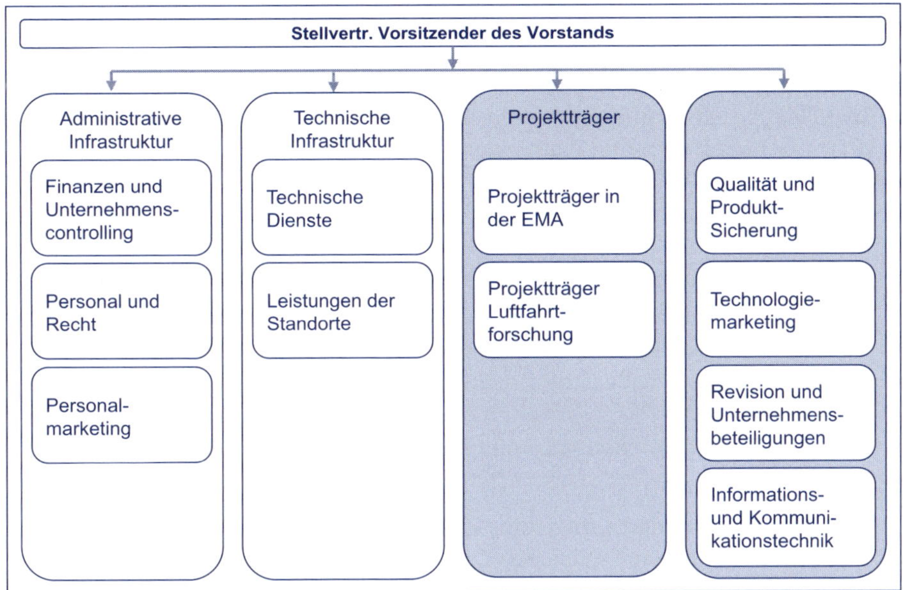

Abb. 15: Verantwortungsbereich des stellv. Vorstandsvorsitzenden

dem stellvertretenden Vorstandsvorsitzenden unterstellte Bereich umfasst alle Aufgaben, die in der EMA unter der Bezeichnung „Unterstützungsprozesse" subsumiert werden (vgl. *Abb. 15*). Man versteht sich als Dienstleister (vgl. *Abb. 16*). Daher die offizielle Bezeichnung: Administrative und Technische Infrastruktur (ATI). Das Unternehmenscontrolling unter der Leitung von Jörg Schauer berichtet an Herrn Hofmann.

Die EMA hat eine unternehmensumspannende Controllingorganisation, die in den Bereich ATI eingebettet ist. Jeder Programmbereich und jedes Institut hat seinen eigenen Controllerdienst, der fachlich dem Zentralcontrolling zugeord-

Vision des Unterstützungsprozesses

Wir sind als **partnerschaftlicher Dienstleister und Berater** in der EMA **nachgefragt** und leisten einen **wesentlichen Beitrag** zum **Erfolg der EMA**

Mission des Unterstützungsprozesses

Wir schaffen die **lösungsorientierte und reibungslose Unterstützung** für die **Kernprozesse der EMA**

Eckpunkte der Strategie des Unterstützungsprozesses

Bei unseren Leistungen konzentrieren wir uns auf die Kernprozesse der Forschung und die Kernkompetenzen der Infrastruktur. Wir orientieren uns an unseren **Kunden** und setzen auf die Motivation und Leistungsbereitschaft unserer **Mitarbeiter**. Wir erbringen unsere Leistungen in **Prozessen** und sichern deren **Qualität**. Die für unsere Leistungen erforderlichen **Ressourcen** werden stets effizient eingesetzt.

Abb. 16: Unterstützungsprozess der EMA

net und dienstlich dem jeweiligen Programm- bzw. Institutsdirektor unterstellt ist („dotted line"-Organisation).

Strategie und Programmkoordination sind dem Vorstandsvorsitzenden zugeordnet. Die Arbeitsteilung zwischen dem Zentralcontrolling unter der Leitung von Jörg Schauer und den Controllern in den Programmdirektionen und in den Instituten ist an sich klar geregelt: Die Zentrale ist für die Koordination des Gesamtcontrollings zuständig; insbesondere koordiniert sie die Planung. Die dezentralen Controller sind für Koordination der programmatischen Projekte bzw. für das Institutscontrolling verantwortlich. Das Reporting ist dabei eine Hauptaufgabe. Jörg Schauer kritisiert den langen „Dienstweg".

„Wir müssen vermeiden, dass ein Teilprojektleiter Rot meldet und ganz oben Grün ankommt."

Jörg Schauer, Leiter des Unternehmenscontrollings der EMA

Hinsichtlich der Strategie gibt es eine Zweiteilung: Der dem Vorstandsvorsitzenden zugeordnete Bereich „Strategie" ist mit der Strategieentwicklung befasst, dem Controlling obliegt die Strategieumsetzung. Karl Hofmann sieht hier ein wichtiges Schnittstellenproblem: „Wir müssen die Strategieentwicklung und die Strategieumsetzung reibungsloser und konsistenter machen!". Die EMA verfügt über ein SAP-System, das Budgetplanung und -reporting im Rahmen eines kaufmännischen Rechnungswesens abbildet. Ein Problem sind die unterschiedlichen Abrechnungsmodalitäten in Richtung externer Auftraggeber.

Eine von allen Beteiligten geschätzte Kommunikationsrunde wurde von Karl Hofmann und seinem Controllingleiter Jörg Schauer initiiert: der „Controllercircle". Hier tauschen sich Controller aus allen Bereichen der Organisation über aktuelle Themen, über fachliche Neuentwicklungen, aber auch über Probleme und Fehler aus.

Beherrschendes Thema – eigentlich in allen Gesprächsrunden – ist die immer noch immense Koordinationsaufgabe des Controllings. Einerseits gibt es Kritik seitens des Vorstands, angesichts der Schwerfälligkeit des Steuerungssystems.

„Wir sind immer noch kein Schlachtschiff, sondern eine Gruppe von Schnellbooten mit uneinheitlichen Navigationssystemen!"

Professor Hans Wiese, Vorstandsvorsitzender der EMA

Andererseits klagen die Institutsdirektoren, dass sie mit zu viel Administration in Richtung Zentrale und Programmdirektionen belastet werden.

Um die aktuellen Herausforderungen besser kennenzulernen, hat der „Controllercircle" den Programmmanager Friedrich Müller aus dem Programmbereich Energie eingeladen sowie den Institutsdirektor Professor Martin Hofer vom Institut für Erneuerbare Energien. Friedrich Müller sieht die größten Herausforderungen in der Koordination von Querschnittsthemen, die mehrere Programmbereiche und Institute involvieren. Sein Beispiel: „Wer soll die Projekte zum Thema Windenergie verantworten?". Professor Hofer weist darauf hin, dass es junge Themen schwer haben, in der etablierten Matrixstruktur Fuß zu fassen. „Das Matthäus-Prinzip gilt in der EMA auch: Wer hat, dem wird gegeben". Beide Herren betonen, dass die persönliche Motivation zur Zusammenarbeit gestärkt werden müsse. „Wir müssen die ‚Versäulung' der Organisation abbauen", so Friedrich Müller.

EMA-Quartalsbericht Quartal: xx/xx

Projekt:

Forschungsgebiet: **Teilgebiet:**

Projektlaufzeit: **xx/xxxx – xx/xxxx** **verlängert bis:**

Vollkosten (EUR):

Projektleiter/Institut:

Beteiligte Institute:

Finanzierung in %: ☐ EMA ☐ BUND ☐ EU ☐ Industrie ☐ Andere:.....

Gesamtprojekt

Projektfortschritt:

☐ **Projektziel gefährdet** bzgl. Technik / Termine / Kosten

☐ Planabweichung bzgl. Technik / Termine / Kosten, Projektziel nicht gefährdet

☐ Planmäßig; Ergebnisse und zeitlicher Ablauf sind im Plan

Erläuterung, falls gelb oder rot:

Projektbezogene Investitionen

Position *(Ganzzahlige Beträge in EUR)*	Akt. Jahresbudget *incl. Über-/Nachträge*	Akt. Jahresaufwand *lt. Buchung (Ist)*	Gesamtbudget *lt. Planung (Soll)*	Gesamtaufwand *lt. Buchung (Ist)*
Lfd. Investitionen (LI)* Großinvestitionen (GI)				

* Ausweisung der für die Projektdurchführung erforderlichen/getätigten lfd. Investitionen der Institute

Das Großinvestitionsbudget (GI) fließt bis zum Jahresende ab ☐ ja ☐ nein

Meilensteine

Meilenstein-Nr.	Institut	Bezeichnung	Fällig (MM/JJJJ)	Erreicht (MM/JJJJ)
1				
2				
3				
4				

Abb. 17: Quartalsberichtsformular

Der „Controllercircle" hat nun eine Bestandsaufnahme der meist beklagten Controlling-Probleme zusammengetragen:

- Die Ungewissheiten über die strategische Gesamtausrichtung und die Diversität der Institute machen es schwierig, einheitliche KPIs für die Steuerung festzulegen.
- Beklagt wird die fehlende Personalkapazität im Bereich „ATI".
- Die Schnittstelle zur Strategieentwicklung sei unklar.
- Der Wissensstand der dezentralen Controller ist häufig mangelhaft.
- Controller werden in vielen Instituten als „Mädchen für alles" eingesetzt. Sie müssen dort mit erster Priorität ihrem „Chef" zuarbeiten.
- Die Datenqualität lässt zu wünschen übrig. Aktualität und inhaltliche Stimmigkeit sind vielfach nicht gegeben. Immer wieder sind lästige Abstimmungsrunden zwischen Zentrale, Programmdirektionen und Instituten notwendig.

Der etwas vorlaute Jungcontroller Thomas Brummer aus der Zentrale malt die drei „Kreise" der EMA auf die Flipchart und meint: „Bei uns blitzt es überall!" (vgl. *Abb. 18*).

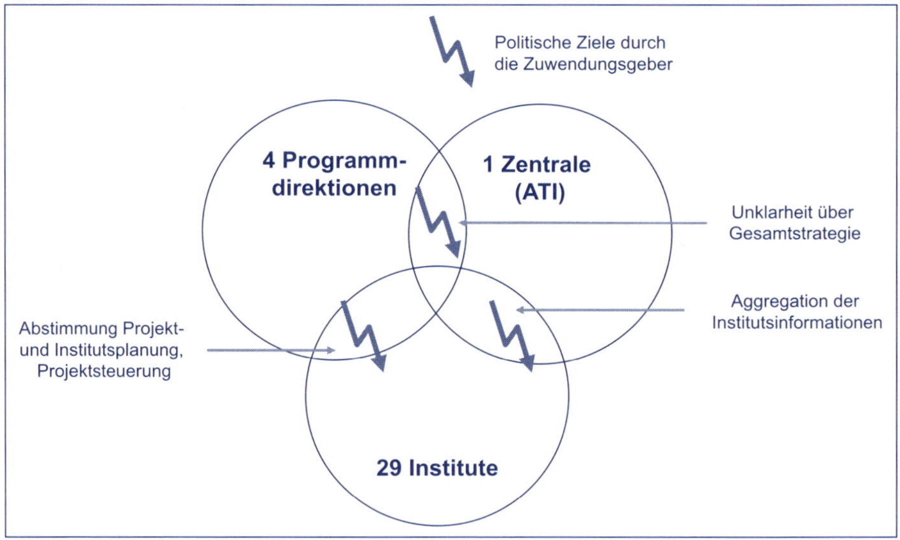

Abb. 18: Problemfelder der EMA laut Jungcontroller Brummer

Ein strukturelles Grundproblem wird darin gesehen, dass den Programmdirektoren die Institute direkt unterstellt sind. Als eine besonders gravierende aktuelle Herausforderung wird die Projektsteuerung angesehen: Innovative Projekte sind risikoreich. Ein zeitnahes Reporting mit Frühwarninformationen, sowohl in Richtung der jeweiligen Programmdirektionen als auch an die Zentrale ist daher sehr wichtig. Verschärfend wirkt, dass an größeren Projekten mehrere Institute und sogar mehrere Programmdirektionen beteiligt sind. Die formale Kommunikation ausschließlich über den „Dienstweg“ erwies sich immer wieder mal als nicht hilfreich.

Der „Controllercircle“ ist realistisch und pragmatisch genug, um einzusehen, dass grundlegende Veränderungen an der Gesamtstruktur der EMA in der „gewachsenen“ diffizilen politischen Landschaft kaum möglich sind. Deshalb stellt man sich die Aufgabe, ein Programm – inklusive Roadmap – zu entwickeln, das in der gegebenen Gesamtstruktur der Koordinationsverbesserung dient. „Ein Umbau der Struktur würde uns Jahre kosten!“, bemerkt dazu Jörg Schauer. Das Programm soll dabei zwischen den Themen, die das Controlling selbst „stemmen“ kann und den Themen, die in anderen Funktionsbereichen konzipiert werden könnten, unterscheiden. Karl Hofmann will die Eckpunkte des Programms in der nächsten Vorstandsklausur in drei Monaten präsentieren. Zu beachten hat er, dass seine Lösungsansätze „wissenschaftsadäquat“ sein müssen, weil die Wissenschaftler in den Instituten in der Regel ihre wissenschaftlichen Ziele priorisieren und nicht in Budgetkategorien denken. Es geht also darum, einen Struktur- und Prozessvorschlag mit dem Ziel der Koordinationsverbesserung der EMA zu erarbeiten. Die Ausrichtung auf die Gesamtstrategie soll wirksamer werden.

Lösungsvorschläge von Experten aus der Praxis

Dieter Kaufmann, Kanzler der Universität Ulm

Ausgangspunkt der Diskussionen ist die derzeitige Situation der EMA mit einem hohen Komplexitätsgrad. Als Forschungsdachorganisation hat die EMA einerseits ein stark diversifiziertes Forschungsportfolio und ist andererseits in 29 eigenständige Forschungsinstitute an unterschiedlichen Standorten aufgesplittet. Die Forschungsinstitute sind, da es nur eine 50-prozentige Grundfinanzierung gibt, auf erhebliche Anteile von Drittmitteln angewiesen und befinden sich im Stadium der Zusammenarbeit aber auch in einer Wettbewerbssituation.

Organisatorisch wird die Strategie einer klareren Darstellung des Zusammenwirkens der Aufgabenfelder verfolgt und der Versuch unternommen, die Aufgabenfelder Energie, Mobilität, Luftfahrt und Gesundheit sowohl horizontal als auch vertikal in Form einer Matrixorganisation zu gestalten. Bei der Dynamik der Entwicklung in den einzelnen Feldern und dem Zusammenwachsen beziehungsweise der Verschiebung der Schwerpunkte der einzelnen Felder stellt sich die Frage, nach welchen Kriterien und mit welchen Methoden und notwendigen Informationen Entscheidungen in der Matrixstruktur sowohl in der horizontalen als auch in der vertikalen Dimension erfolgen.

Die Frage nach den Entscheidungsstrukturen ist insbesondere in einer immer stark autonomen oder lose gekoppelten Expertenorganisation von erheblicher Bedeutung. Die Entscheidungsstrukturen müssen – da nicht finanzielle Erfolge im Fokus stehen, sondern der wissenschaftliche Prozess von der grundlagenorientierten über die anwendungsorientierte Forschung bis zum Technologietransfer der Erfolgsmaßstab ist – diese Formen der wissenschaftlichen Tätigkeit ermöglichen und unterstützen. Das bedeutet, die Frage muss wissenschaftsgeleitet gestellt und beantwortet werden. Dabei ist auch zu berücksichtigen, dass die gewählten Themenfelder selten allein ihre Erfolge erzielen können, sondern immer auch der Mitwirkung anderer Felder benötigen.

Dies wird jedoch nur gelingen, wenn eine intensive und **transparente Kommunikations-, Informations- und Entscheidungsstruktur** zwischen den einzelnen Mitgliedern innerhalb des Vorstands etabliert wird. Ebenso muss eine solche Kommunikations-, Informations- und Entscheidungsstruktur zwischen der Vorstandsebene und den Leitern der Institute und den Verantwortlichen für die Matrixknoten aufgebaut werden.

Für das Controlling bestehen damit die Möglichkeit und auch die Notwendigkeit, diesen **Prozess durch ein System steuerungsrelevanter Kennzahlen zu unterstützen**. Dabei muss das Kennzahlensystem so ausgestaltet sein, dass jede Ebene die für diese Ebene und deren spezifischen Entscheidungsnotwendigkeiten wesentlichen Kennzahlen und Controllinginformationen transparent und nachvollziehbar erhält. Diese Informationen müssen dem Bedarf der Entscheidungsträger angemessen sein und Grundlagen für eine Entscheidung liefern. Sie müssen auch langfristig nachvollziehbar transparent und in sich konsistent sein. Die Entscheidungen müssen auf der jeweiligen Ebene operational durch das Controlling unterstützt werden. Dies müsste mit einem möglichst überschaubaren Kennzahlenset verankert werden. Das Controllingsystem muss sich deshalb in seinem Bemühen nach einer Vielzahl von Kennzahlen eher beschränken und an Stelle von vielen Kennzahlen sein Augenmerk auf wenige, aber dann qualitätsgesicherte, entscheidungsrelevante und entscheidungsunterstützende Kennzahlen beschränken.

Ein besonderes Augenmerk ist dabei auch auf die einfach **nachvollziehbare Visualisierung** zu richten. Da einzelne Kennzahlen immer in einem zeitlichen Verlauf ihre wesentliche Wirkung zeigen, sind auch Trendaussagen und Entwicklungstendenzen in diesen Kennzahlen vorzusehen. Dabei sollten die Kennzahlen sich nicht nur mit einer ex post-Analyse, sondern auch mit einem Planungshorizont sowohl kurzfristig als auch mittelfristig befassen. Nur so wird es möglich werden, auch konkrete belastbare Ziele zu erkennen und aus diesen Leistungs- bzw. Zielvereinbarungen abzuleiten.

Ob dieses mit der Organisation eines zentralen Controllings möglich ist und ob alle Sichtweisen in einem wenig komplexen System erfüllt werden können, muss an Hand der Organisationsstruktur und der Informationsversorgung sowie der Entscheidungsnotwendigkeiten und -unterstützung hinterfragt werden. Sofern diese Möglichkeit aufgrund der Komplexität oder der unterschiedlichen Konkurrenzsituation nicht möglich ist, muss gegebenenfalls – ausgehend von einem zentralen, die Basis bildenden externen und internen Rechnungswesen – ein Abteilungs- oder Querschnittscontrolling in der Verantwortung der jeweiligen Vorstände oder Querschnittsverantwortlichen aufgebaut werden. Das reduziert zwar nicht die Komplexität der Gesamtorganisation, dient aber eventuell dazu, die Schwerpunkte der Einrichtung in unterschiedlichen Geschwindigkeiten weiterzuentwickeln.

Auf der Ebene des Vorstands nimmt damit die Notwendigkeit nach Koordination erheblich zu. Die derzeit vorhandene „Administrative und Technische Infrastruktur (ATI)“ muss sich damit von einer zentralen, unternehmensumspannenden Controllingorganisation zu einem Dienstleister für gegebenenfalls unterschiedliche firmeninterne Auftraggeber – mit differenzierten Anforderungen und Erwartungen sowohl bezogen auf Tiefe und Umfang der Kennzahlensysteme – entwickeln.

Eine besondere Problematik besteht in diesem Zusammenhang in der Aufnahme neuer Institute oder Aufgabenfelder. Diese müssen nämlich zusätzlich in mehrere Strukturen eingebettet werden. Ebenso ergeben sich weitere Fragen bezüglich des Einflusses der Ziele von Zuwendungsgebern. Auch wird eine Gesamtstrategie für das Unternehmen damit schwieriger zu definieren sein. Übertragen auf die Privatwirtschaft beginnt dann die Entwicklung von einem Einzelunternehmen zu einem Konzern, in dem die Tochterunternehmen unterschiedliche Aufgabenzuschnitte als auch Organisationen aufweisen.

Besser wäre es, das heute bestehende Unternehmen mit einem angepassten Steuerungssystem und -verständnis weiterzuentwickeln und die Bedürfnisse aus der Komplexität der Forschungsorganisation sowie den Veränderungen der Forschungsorganisation durch Anpassungen und flexiblen Lösungen im Controlling zu begegnen.

Ulf Richter, Kanzler der Universität Siegen

Die Hauptproblemfelder bei der EMA sind sicherlich die komplexe Organisationsstruktur (lange Dienstwege, Matrix, konkurrierende Zuständigkeiten/Verantwortlichkeiten), der interne Wettbewerb auf unterschiedlichen Ebenen, die mangelnde Datenqualität, die Trennung zwischen strategischer Planung und Reporting, das interne Rechnungswesen, die Abrechnungsmodalitäten mit den Drittmittelgebern, der Koordinationsaufwand des Controllings sowie die Erwartung, dass das Controlling die Strategie umsetzt und die organisatorische Zuordnung der dezentralen Controller.

Zielsetzung muss sein, die **Steuerung zu optimieren, die Strategie mit dem operativen Controlling zu verknüpfen** und vier neue Institute mit bislang unklarem Profil zu integrieren. Des Weiteren müssen Querschnittsthemen zwischen den Programmen besser koordiniert werden und die Versäulung der Organisation sollte reduziert werden.

Um die strategische Steuerung von EMA weiterzuentwickeln und möglichst zeitnah Ergebnisse zu erzielen, müssen strukturelle und inhaltliche Veränderungen erarbeitet und umgesetzt werden. Dazu müssen Instrumente und Methoden eines zielgerichteten Change Managements zum Einsatz gebracht werden. Hierzu ist insbesondere eine intensive Kommunikation innerhalb des Vorstandes und zwischen den Vorständen und der Leitung der Institute erforderlich. Die Weiterentwicklung des Strategieprozesses sowie die Entwicklung der Organisationsstruktur sind aufeinander abzustimmen. Das Controlling (Planung und Berichtswesen) kann als Bindeglied zwischen diesen beiden Prozessen fungieren. Der Tatsache, dass es sich bei EMA um eine Wissenschaftsorganisation handelt, ist angemessen Rechnung zu tragen. Dabei kommt es darauf an, qualitativ wissenschaftliche Parameter mit quantitativen Daten aus dem Rechnungswesen zu verknüpfen, sodass die leitenden Wissenschaftler diese Daten akzeptieren.

Die Verknüpfung möglichst weniger Kennzahlen sollte konsensual innerhalb des Vorstands und den Institutsleitungen erfolgen. Zu beachten ist, dass es u. U. in den einzelnen Programmen unterschiedliche Maßstäbe und Kenngrößen gibt. Ob und inwieweit die pauschalierte Finanzierung 50 % Programmmittel und 50 % Drittmittel für alle Programme gleichermaßen angemessen ist, sollte auch vor dem Hintergrund des „Drittmittelmarktes“, also der objektiven Möglichkeit von außen Mittel einzuwerben, kritisch geprüft werden. Es ist denkbar, dass für die unterschiedlichen Programme differenzierte Werte realistisch sind.

Bei einer Neukonzeption der Steuerungsparameter sollte auf einen angemessenen internen und externen Wettbewerb geachtet werden. Grundsätzlich muss bei einer Neukonfiguration der Mittelallokation darauf geachtet werden, dass neben einer Basisfinanzierung für die Programme und die Infrastruktur ein angemessenes Budget für Investitionen und innovative neue wissenschaftliche Vorhaben vorgesehen ist.

Bei der Weiterentwicklung der strategischen Steuerbarkeit von EMA sollte der Schwerpunkt auf die **Stärkung der Programmdimension** gelegt werden. EMA erhält seine Grundfinanzierung für die Umsetzung der Forschungsprogramme. Die strategische Planung der Forschungsprogramme und die entsprechende Bereitstellung der Mittel muss im Vorstand abgestimmt werden. Die Budgets und die Inhalte der Forschungsaktivitäten sollten in der Verantwortung des jeweiligen Vorstandes liegen, wobei der Vorstandsvorsitzende die Richtlinienkompetenz haben sollte. Die Vorstände sollten dann die Budgets auf die einzelnen Institute verteilen und diese im eigenen Ermessen entscheiden lassen. Über das Innovationsbudget (Investitionen und neue Forschungsvorhaben) entscheidet der Vorstand als Kollegialorgan, wobei jeder Vorstand ein Vorschlagsrecht erhält.

Die im vorangegangenen Ansatz geschilderte Weiterentwicklung des Strategieplanungsprozesses erfordert eine **Änderung der bisherigen Organisationsstruktur**. Die konsequente Ausrichtung an den Programmen erfordert eine Änderung in der Organisation des Controllings, das jeweils an den programmverantwortlichen Vorstand angebunden sein sollte. Ob ein dezentrales Controlling an den Standorten bzw. in den Instituten erforderlich ist, sollte kritisch geprüft werden. Denkbar erscheint, dass ein Programmcontroller sowohl die verantwortlichen Institutsleiter als auch den entsprechenden Vorstand mit dann einheitlichen Daten und Informationen versorgt. Damit würden Doppelarbeiten und kritisches Hinterfragen von Daten obsolet werden.

Ein **einheitliches und standardisiertes Berichtswesen** mit wenigen Kennzahlen wäre sicherlich hilfreich. Die Aufgabe des zentralen Controllings könnte sich auf die Validierung der Daten beschränken. Des Weiteren sollten die Weiterentwicklung und Qualitätssicherung des Controllings zentral erfolgen – ebenso wie die Konsolidierung der Daten. Durch die Effizienzsteigerung freiwerdende Ressourcen sollten sinnvoll dort eingesetzt werden, wo derzeit im ATI-Bereich Personalressourcen reklamiert werden.

Um den Aufwand für den Controllingprozess zu reduzieren, muss die Datenqualität und die Handhabung der Daten möglichst einfach gestaltet werden. Das Institutscontrolling muss so einfach wie möglich sein, sodass eine Sekretärin in der Lage ist, die notwendigen Daten aus dem SAP-System heraus zu bekommen. Mithin wäre ein gesondertes Institutscontrolling überflüssig, aufwändige Abstimmungsprozesse zwischen zentralem und dezentralem Controlling entfallen. Notwendig dafür ist, dass die erforderlichen Daten und Kennzahlen jeweils für alle Nutzer aktuelle und in gleicher Qualität vorliegen. Bis zu viermal pro Jahr sollten die Quartalsberichte zwischen dem programmverantwortlichen Vorstand und den jeweiligen Institutsleitungen abgestimmt werden. Bei wesentlicher Planabweichung erfolgt eine Abstimmung zwischen den Institutsleitungen und den Vorständen. Die Quartalsberichte werden anschließend dem gesamten Vorstand vorgelegt.

Die Abrechnung der Drittmittel muss jeweils auf Grundlage der Zuwendungsbestimmungen der Mittelgeber erfolgen. Um eine gewisse Vereinheitlichung herzustellen, sollte geprüft werden, ob eine mehrstufige Deckungsbeitragsrechnung angebracht ist.

Die stringente Ausrichtung der Strategieentwicklung, der Budgetierung und des Controllings stellt große Herausforderungen an sogenannte Querschnittsthemen zwischen den Programmen. Da an diesen Stellen aber häufig neue wissenschaftliche Erkenntnisse entstehen, sollte das vorbezeichnete System – bestehend aus Planung, Budgetierung und Abweichungsanalyse – so flexibel sein, dass neue Themen aufgebaut werden können.

Im Bereich der Planung sollte dies über das vorgeschlagene Innovationsbudget möglich sein. Das Innovationsbudget für neue Forschungsvorhaben könnte über einen mehrjährigen Zyklus eine Freiheit für derartige Themen ermöglichen. Nach drei bis fünf Jahren sollte dieses Thema möglichst einem Vorstandsbereich zugeordnet werden. Davor muss der Vorstandsvorsitzende die Verantwortung für dieses Thema im Vorstand übernehmen.

Eine weitere wichtige Aufgabe ist die zeitnahe Integration der neuen Institute in die Strukturen der EMA. Sofern sich das vorgeschlagene System aus strategischer Planung und neuer Budgetierung zeitnah umsetzen lässt, könnte auf Basis dieser Struktur eine Integration innerhalb eines Konvergenzzeitraums erfolgen. Dies bedeutet, die neuen Institute würden über einen Zeitraum von bis zu drei Jahren als Innovationsprojekte ausgewiesen und müssten sich nach diesem Zeitraum in die allgemeinen Strukturen der EMA einfügen.

Lösungsvorschlag der Autoren

- Die EMA kämpft mit der Komplexität ihres Themenportfolios. Mit der Programmsteuerung ist man dabei auf dem richtigen Weg.
- Der Fokus muss nun darauf liegen, ein Steuerungssystem zu entwickeln, das Führung und Management in die Lage versetzt, im Sinne einer gemeinsamen Ausrichtung wirkungsvoll zu agieren.

Ausgangssituation

Die EMA weist ein ungemein komplexes diversifiziertes „Produktportfolio" auf. Diese Komplexität spiegelt sich in einer entsprechend komplexen Organisationsstruktur wider. Man will die Ausrichtung der Gesamtorganisation durch eine Matrixorganisation mit institutsübergreifenden Forschungsprogrammen und deren Steuerung durch Programmverantwortliche erreichen. Allerdings ist dies bei 29 eigenständigen Forschungsinstituten an verschiedenen Standorten, die von Institutsdirektoren mit jeweils einem eigenen individuellen Zielsystem geleitet werden, nur in Grenzen erfolgreich.

Das EMA-Controlling hat die Aufgabe, die Führung zentral und dezentral koordinierend und mit den „richtigen" Informationen ausgestattet, zu unterstützen. Allerdings kann es diese Aufgabe durch die eigene komplexe Organisation, eingebettet in den ATI-Bereich, nicht optimal wahrnehmen. Das Zusammenwirken von zentralem Controlling und den dezentralen Controllingverantwortlichen in den Programmdirektionen und den Instituten ist verbesserungsbedürftig.

Problemstellung

Die zentrale Aufgabenstellung dieses Falles ist eindeutig die Verbesserung der Steuerung durch eine geeignete Weiterentwicklung des zentralen und des dezentralen Controllings. Wie kann eine wirkungsvolle Koordination durch das Controlling die Ausrichtung der EMA auf gemeinsame Ziele und Programme unterstützen? Eine wichtige Bedingung ist bei allen Gestaltungsüberlegungen die „wissenschaftsadäquate" Ausformung der Lösungsansätze.

Lösungsansätze

Die Lösungsüberlegungen sollten nach unserer Meinung zwei Ebenen haben. Die erste – und übergeordnete – Ebene ist die Einleitung notwendiger Veränderungen im Gesamtsystem der EMA-Führung und -Organisation. Diese erste Ebene definiert für die zweite Ebene den Gestaltungsrahmen und -notwendigkeiten für das Controlling.

Auf der Ebene der Gesamtführung und -struktur sind drei Maßnahmen erforderlich:

- Stärkung der Programmdimension durch entsprechend strukturierte Entscheidungsprozesse. Eventuell ist die Veränderung der Personalunion von Programmverantwortlichen/Institutsdirektoren zu hinterfragen.

- Aufbau eines systematischen Change Managements mit der doppelten Zielsetzung: Weiterentwicklung des „Corporate Spirit" und Umsetzung der vorgesehenen Maßnahmen der Strukturverbesserung.
- Unterstützung der institutsübergreifenden Innovationsaktivitäten („Querschnittsthemen") durch ein gut dotiertes Innovationsbudget, dessen Verwendung durch einen EMA-internen Wettbewerb entschieden wird.

Das EMA-Controlling soll eine entscheidende Mitwirkungsaufgabe im Führungs- und Steuerungsprozess insbesondere bei der Unterstützung der vom Vorstand initiierten Veränderungsprozesse wahrnehmen (s. o.). Dazu ist es erforderlich, das EMA-Controlling dreidimensional weiterzuentwickeln: organisatorisch, prozessual und instrumentell.

Organisatorisch ist zunächst eine Stärkung des Programmcontrollings erforderlich. Dem jeweiligen Programmverantwortlichen ist ein effizientes Controlling zuzuordnen. Die Aufgaben des Zentralcontrollings sollten auf die Vereinheitlichung und Standardisierung der Controllingprozesse und Instrumente fokussiert werden. Dazu kommt die Aufgabe, den Gesamtvorstand mit konsolidierten und zeitnah abgestimmten Informationen strategisch wie operativ zu unterstützen. Es sollte überprüft werden, in welcher Form das jeweilige Institutscontrolling wahrgenommen wird. Gegebenenfalls ist die Zusammenfassung mit anderen verwandten Aufgaben anzudenken. Auf jeden Fall sollten einheitliche Rahmenrichtlinien des Zentralcontrollings greifen.

Die Straffung und Beschleunigung von Strategiegenerierung, Planung, Budgetierung und Reporting sind in Angriff zu nehmen.

Instrumentell stellt sich vorrangig die Aufgabe, ein auf die EMA-Strategie ausgerichtetes einfaches System der Steuerungskennzahlen zu entwickeln. Hier könnte das Konzept der Balanced Scorecard gute Dienste leisten. Das programmbezogene und das institutsindividuelle Rechnungswesen sind so zu standardisieren und zu interpretieren, dass die Abstimmungskomplexität abnimmt. In diesem Zusammenhang besteht sicherlich die Notwendigkeit, die IT-Strategie insgesamt konkret weiterzuentwickeln.

Weiterführende Fragestellungen

Die EMA-Fallstudie hat eine wissensgenerierende Organisation zum Gegenstand. Die Generierung und Implementierung von Innovationen ist hier der wesentliche Arbeitsinhalt. Also ließe sich weiterführend fragen:

- Wie ließe sich ein organisationsweites Innovationscontrolling etablieren?
- Welche Prozesse und Instrumente könnten helfen, um aussichtsreiche Innovationschancen frühzeitig zu erkennen?
- Wie ließe sich eine, die Gesamtorganisation umfassende IT-Strategie zur Nutzung der Potenziale der Digitalisierung entwickeln?
- Welche Konzepte und Maßnahmen sind notwendig, um den „Corporate Spirit" der EMA zu verbessern?
- Was ist zu beachten, damit die EMA-Führung „wissenschaftsadäquat" agiert?

3 Koordination des Planungs- und Kontrollsystems

Hinführung

Der Entwurf und die Implementierung des Planungs- und Kontrollsystems für Unternehmen oder Organisationen sind Kernaufgaben des Controllings. Auch wenn nur das Wort „Kontrolle" – vor allem von Gegnern des Controllings – immer wieder mit „Controlling" gleichgesetzt wird, greift diese Betrachtung zu kurz. Instrumente wie Abweichungsanalysen oder Soll-Ist-Vergleiche sind selbstverständlich Aufgaben des Controllings, jedoch ist eher die Unterstützung der zielorientierten Planung die wesentliche Aufgabe des Controllings. Die Planung ist das zentrale Subsystem des Führungssystems und der Versuch, Unsicherheit zu bewältigen. Sie beschäftigt sich deshalb mit den Unternehmenszielen, dem Unternehmensaufbau sowie den Unternehmensprozessen. Um diese Aufgaben zu erfüllen, ist eine große Menge an Informationen notwendig, die systematisch koordiniert werden muss.

Die oben angesprochene Kernaufgabe des Controllings ist deshalb, ein geeignetes Planungs- und Kontrollsystem hierfür zu finden. In unserem Lehrbuch haben wir uns deshalb auf ein Konzept verständigt, indem die controllingrelevanten Aspekte erfasst sind. Es besteht aus der funktionalen (Pläne & Planungsaktivitäten), der institutionalen (Planungsorgane & Planungsprozesse) sowie der instrumentalen Sicht (ideelle Planungsinstrumente & reale technische Planungsinstrumente).

Wichtig für das Verständnis der Planung ist die Unterscheidung in sachzielorientierte (bezieht sich auf reale Objekte und Aktivitäten des Unternehmensprozesses) und formalorientierte (bezieht sich auf Erfolgs- und Liquiditätsaspekte von Handlungsalternativen) Planung.

Die folgende Fallstudie behandelt die für den Controller sehr relevante formalzielorientierte Planung: die Budgetierung. Das Hauptziel der Budgetierung ist die ergebniszielorientierte Prognose der Zukunft des Unternehmens. Sie beinhaltet dazu mehrere Teilpläne, deren Detaillierungsgrad auf der operativen Ebene am höchsten ist. Kurz gesagt ist Budgetierung die Erfolgsplanung des Unternehmens. Wie bereits in unserem Lehrbuch ausgeführt (vgl. *Horváth/Gleich/Seiter* 2015, S. 119 f.), ist ein Budget für uns „ein formalzielorientierter, in wertmäßigen Größen formulierter Plan, der einer Entscheidungseinheit für eine bestimmte Zeitperiode mit einem bestimmten Verbindlichkeitsgrad vorgegeben wird. Budgets gibt es somit auf allen Planungsstufen und für alle Planungsfristigkeiten".

Weiterführende Informationen in unserem Lehrbuch

In Kapitel 3: Das Planungs- und Kontrollsystem (Kap. 3.2) sowie Budgetierung (Kap. 3.7.2).

Fallstudie 3: Präzisionsgetriebe AG – Modernisierung der Budgetierung

Präzisionsgetriebe AG	
Branche	Maschinen- und Anlagenbau
Umsatz	ca. 250 Mio. EUR
Mitarbeiter	ca. 2.000 Mitarbeiter

Die Präzisionsgetriebe AG (PG AG) ist seit mehr als 35 Jahren einer der Marktführer für hochpräzise Planetengetriebe und intelligente Antriebssysteme, die in unterschiedlichsten Anwendungen im industriellen Markt genutzt werden. So gehen mehr als 70 % der produzierten Produkte und Systeme als Komponenten in Werkzeugmaschinen ein. Weitere Zielbranchen sind die Aviation-Industrie, die Automobilindustrie (speziell Sonderfahrzeuge) sowie die Elektronikbranche. Umsatzbezogen sind die Verhältnisse ähnlich.

Der PG AG und speziell den beiden Unternehmensgründern, den Brüdern Lukas und Prof. e.h. Dr. Roland Ankenbrandt, ist es in den vergangenen Jahren und Jahrzehnten stets gelungen, innovative Lösungen zu entwickeln und als Pioniere im Antriebstechnikmarkt Anerkennung zu finden. Dadurch konnte sich das Unternehmen die letzten Jahrzehnte über durchgängig rasant entwickeln und hat seit mehr als 20 Jahren stets zweistellige jährliche Wachstumsraten.

Neben den beiden Brüdern gibt es noch das Nicht-Familienmitglied Dr. Thomas Schmidt im Top-Management, der als Geschäftsführer den Bereich Finanzen/IT verantwortet (vgl. *Abb. 19*). Jeder der Geschäftsführer führt drei Bereichsleiter.

Lukas Ankenbrandt verantwortet den Geschäftsführungsbereich Technik/Vertrieb, sein Bruder Prof. e.h. Dr. Roland Ankenbrandt leitet den Innovationsbereich, dem auch das boomende System- und Servicegeschäft zugeordnet ist. Besonders das stark mechatronisch geprägte Systemgeschäft hat dem Unternehmen in den letzten Jahren neue Märkte erschlossen und wird als Wachstumstreiber der Zukunft gesehen. Allerdings liegt der Umsatzanteil aktuell noch bei unter 10 % und unterliegt starken saisonalen sowie marktbezogenen Schwankungen. Diese kannte man bei den traditionellen Produkten in den ursprünglichen Märkten (insbesondere Werkzeugmaschinen) so nicht.

Mittlerweile existiert die Vision der Gebrüder Ankenbrandt, dass zukünftig bis zu 50 % des Umsatzes mit intelligenten, d. h. digitalisierten und vernetzten Systemen gemacht wird. Dies soll möglichst bis zum Jahr 2027 realisiert werden. Dem Geschäft mit Werkzeugmaschinen auf stark mechanischer Produktbasis werden für die nächsten 5 bis 10 Jahre nur geringe Wachstumsraten eingeräumt. Stattdessen setzt das Unternehmen auf neue Produkte in neuen Märkten.

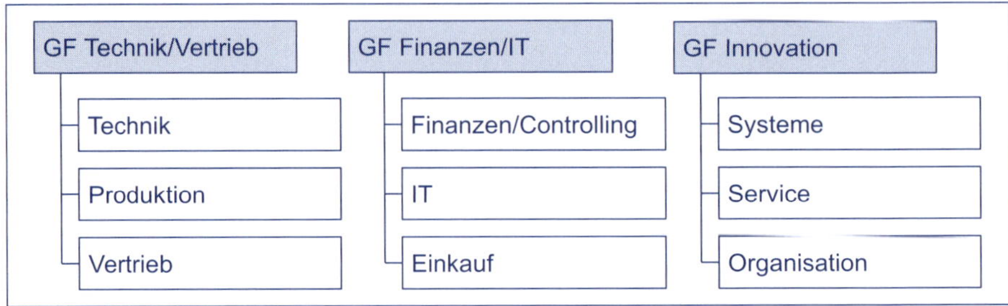

Abb. 19: Organisationsstruktur der PG AG

Insgesamt sieht sich das Managementteam der PG AG als sehr technikaffin und hat, mit Ausnahme von Dr. Schmidt, eine eher skeptische Einstellung bezüglich moderner Management- und Controllinglösungen. Diese wurden nach Meinung der Brüder Ankenbrandt bislang nicht benötigt, da die produktbezogene Pionierposition der PG AG auch ohne ausgeprägte Planungs-, Kalkulations-, Steuerungs- und Reportingsysteme möglich war und weiter ist.

Lukas Ankenbrandt wurde dazu unlängst in den regionalen IHK-Nachrichten folgendermaßen zitiert:

„Innovative Produkte generiert man nicht durch die Prozesskostenrechnung oder Monatsberichte!"

Lukas Ankenbrandt, Geschäftsführer Technik und Vertrieb der PG AG

Seit zwei Jahren herrscht ein ungewohnter Margendruck auf die PG AG und die Deckungsbeiträge halbierten sich für einige neuere mechatronische Produkte und Systeme im vergangenen halben Jahr. Man beobachtet bzw. vermutet als Ursache immer neue preisaggressive Wettbewerber aus Fernost und Italien sowie aktuell stagnierende Ziel-Märkte in Europa und Asien, insbesondere in China.

Ferner beobachten die Vertriebsverantwortlichen immer kurzfristigere Auftragseingänge und tun sich, nicht nur im Budgetierungsprozess, erheblich schwer mit mittel- bis langfristigen Marktprognosen. Diese werden wiederum von den Produktionsverantwortlichen vehement, auch regelmäßig unterjährig, für eine stabile Produktionsplanung und -steuerung eingefordert.

Produktionschef Siegfried Keller sieht die Fertigung der PG AG noch lange nicht „als voll flexiblen und dynamisch-atmenden Produktionsbetrieb" und fordert aus Produktivitätsgründen eine „hohe Produktionsgrundlast".

Generell war in den letzten beiden Jahren über den CFO-Bereich hinaus kaum die Bereitschaft zu spüren, sich ernsthaft mit der Planung und Budgetierung auseinanderzusetzen. Viele Manager empfinden den Planungsprozess eher als störend, zeitraubend und nicht wertschaffend für die eigene Arbeit.

Speziell die margengebeutelten Manager im GF-Bereich Innovation sind enttäuscht von den Plan-/Ist-Abweichungen der letzten 24 Monate und vertrauen der Planungs- und Steuerungslogik der PG AG immer weniger. So stellt etwa

Einkaufschef Thomas Müller frustriert fest: „Die Planungslogik und Budgetzahlen der Controller passen einfach nicht mit der Realität zusammen. Das ist zu viel Elfenbeinturm und zu wenig PG AG".

Der seit 1998 etablierte Planungsablauf bei der PG AG ist in *Abb. 20* dargestellt. Nach der stets zum Beginn des Frühjahrs stattfindenden zweitägigen Strategierunde, bei der die erste und die zweite Führungsebene (Geschäftsführung und Bereichsleiter) teilnehmen und neue Produkte, Märkte, Wettbewerber und auch das PG AG-5-Jahresumsatzziel im Mittelpunkt stehen, erfolgt die eigenständige Zieltransformation der Strategieergebnisse durch das Controlling sowie die Erstellung einer darauf basierenden operativen Vorschaurechnung.

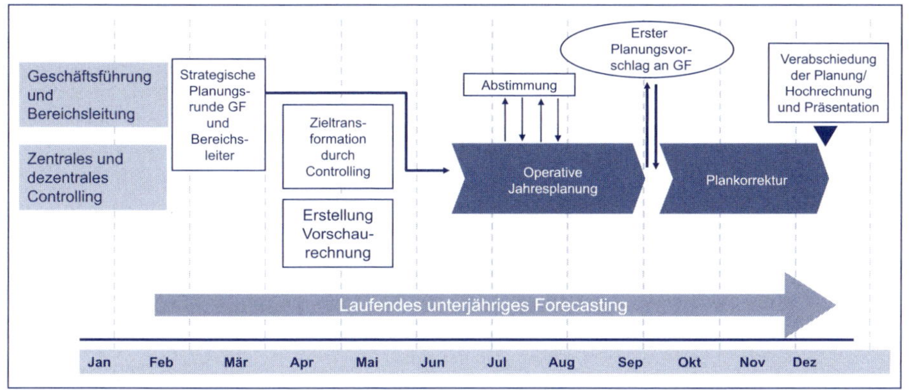

Abb. 20: Aktueller Ablauf der Planung und Budgetierung

Die operative Jahresplanung beginnt Mitte Juni. Die Koordination erfolgt über das Controlling. Mehrmals im Prozess erfolgt eine Abstimmung mit den Bereichen. Die operative Planung endet Ende September und wird dann in der Geschäftsführung diskutiert. Die dabei erarbeiteten Änderungen werden wieder in einen ähnlich umfangreichen Prozess wie die operative Jahresplanung, der sogenannten Plankorrektur, eingearbeitet und führen im Ergebnis zu detaillierten Budgetvorgaben auf Bereichs-, Kostenstellen-, Kostenträger- und Kostenartenebene (vgl. dazu *Abb. 21*).

Die Budgetierung der Tochtergesellschaften erfolgt dezentral in der Landesgesellschaft und ohne Mitwirkung des zentralen Controllings, aber unter enger Einbindung des zuständigen Geschäftsführers Technik/Vertrieb. Die Länderbudgets finden sich dann aggregiert im zentralen Absatzbudget wieder. „Diese Vorgehensweise sollte dringend revidiert und das zentrale Controlling zur Qualitätssicherung und Verifizierung eingebunden werden", fordert CFO Dr. Schmidt. Lukas Ankenbrandt zeigt sich bislang allerdings noch unbeeindruckt von dieser Forderung.

Systemisch werden für die Budgetierung über viele Jahre eigenentwickelte Tabellenkalkulationslösungen eingesetzt und die Ergebnisse über eine durch die PG AG-IT programmierte Schnittstelle in das PG AG-ERP-System überführt. Plansimulationen und Szenarien werden laut Aussage von Dr. Schmidt aktuell nur auf Anfrage und „nicht auf Vorrat" gerechnet, da sowohl das Tabellenkalkulationsprogramm als auch das ERP-System diese Funktionalität nicht „per Knopfdruck" liefern und sehr viel „händischen" Controlleraufwand erfordern.

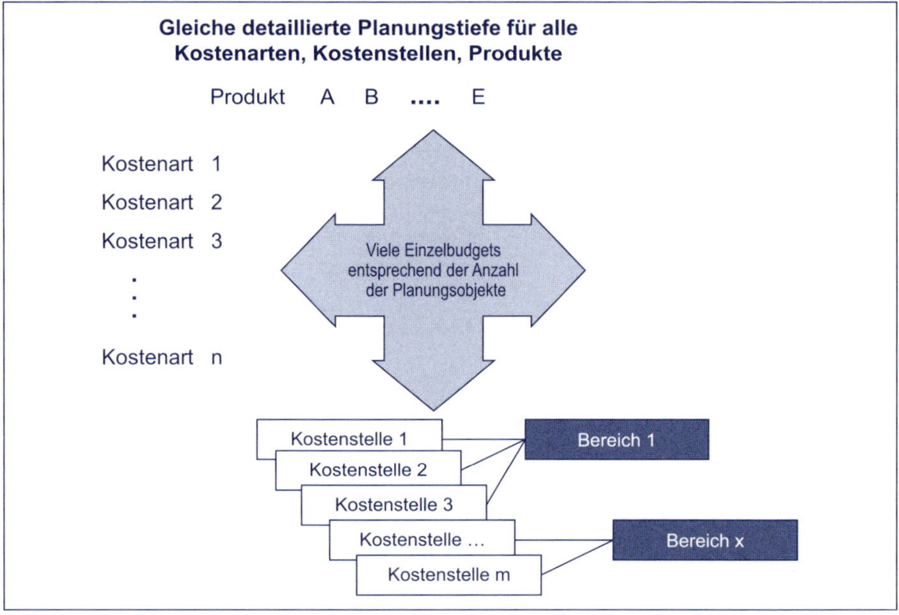

Abb. 21: Planungs-/Budgetierungstiefe PG AG

Die Ergebnisse des Prozesses „Plankorrektur" (vgl. nochmals *Abb. 21*) werden dann noch einmal im Kreis des Top-Managements durch das Controlling vorgestellt und im Idealfall verabschiedet. Sollte dann noch Uneinigkeit seitens des Managements existieren, erfolgt eine zweite Plankorrektur. Da dies in den vergangenen beiden Jahren der Fall war, gab es eine jeweils abgestimmte Planungs- und Budgetkommunikation erst Ende Februar im eigentlichen Budgetjahr. Man behalf sich dann mit Vorabfreigaben von Monats-Kosten- bzw. -Erlösbudgets auf Basis der Ist-Durchschnittswerte der letzten drei Vorjahresmonate der Kostenstellen und der Bereiche. Sämtliche Investitionswünsche wurden allerdings für diese beiden Monate eingefroren.

Die Gesamtlänge des Planungsprozesses ist immer wieder ein intensiver Diskussionspunkt in den Geschäftsführersitzungen. Speziell die Bereichsleiter im Bereich Technik/Vertrieb fühlen sich im operativen Geschäft durch die dauernden Planabstimmungen im Geschäftsjahr durch die Controller gestört und verweigern bisweilen sogar die Mitarbeit bzw. senden Vertretungen zu den Abstimmungsmeetings während der operativen Planungsrunde sowie in die Forecasting-Abstimmungen.

Kritisiert wird offen und versteckt die Geschäftsferne der zentralen Controller, die aus Sicht der Bereichsleiter nur wenig über Produkte, Wettbewerber und Märkte wissen:

„Weder der Leiter Controlling noch der Teamleiter Planung kennen die neuen Produktions- und Montagesysteme und bequemen sich fast nie zu uns an die Basis."

Siegfried Keller, Produktionschef der PG AG

Die markt- und technikfokussierten Gebrüder Ankenbrandt würden am liebsten auch weiterhin den ganzen Planungsprozess sowie die Planungsinputs auf die Controller und insbesondere Herrn Dr. Schmidt übertragen. Dieser ist mit dem augenblicklichen Ablauf der Planung und Budgetierung insgesamt nicht unzufrieden.

Eine aktuelle Benchmarkingstudie, die in einer Fachzeitschrift publiziert wurde, nutzt Dr. Schmidt als Vergleichsanker für die Planungsdauer bei der PG AG (vgl. *Abb. 22*). Demzufolge ist die PG AG im Vergleich mit anderen nationalen und internationalen Unternehmen eher „schlank aufgestellt" und im operativen Kernplanungsprozess mit 2,5 Monaten (Mitte Juni bis Ende September) sehr schnell.

Ressourcenbezogen arbeiten zwei der fünf Controller der PG AG etwa die Hälfte ihrer Zeit an Planungs- und Budgetierungsthemen. Dr. Schmidt würde diesen Aufwand gerne noch weiter reduzieren:

„20 % der Controllerressourcen müssten für eine gute Planung und Budgetierung ausreichend sein."

Dr. Thomas Schmidt, CFO und Geschäftsführer der PG AG

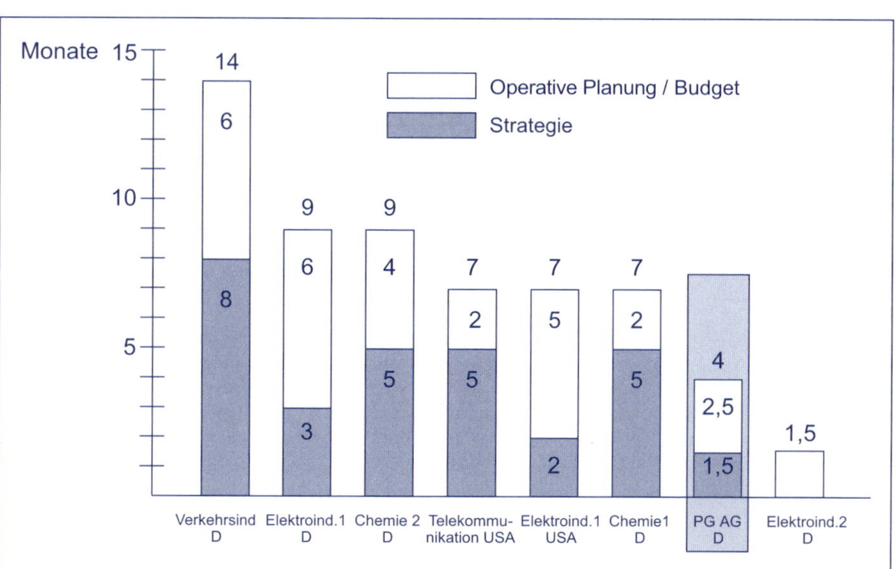

Abb. 22: Benchmarking der Planung (Ergebnisse eines internationalen Vergleichs)

Neben der strategischen und operativen Planung betreuen die Controller auch das Forecasting. Dieses umfasst derzeit drei Forecasts, die im April, im Juli sowie im Oktober durchgeführt werden und das Budgetjahr umfassen (vgl. *Abb. 23*). Dabei werden sehr detailliert die wichtigsten zwanzig Kostenarten und deren erwartete Ausprägung in mehreren Forecastingrunden abgeschätzt. Beim letzten Forecast im Oktober erfolgt ein „Voll-Forecasting" um möglichst detailliert die Jahresabschlussergebnisse vorhersagen zu können. Die Umsätze für die Forecasts werden vom Vertrieb zugeliefert.

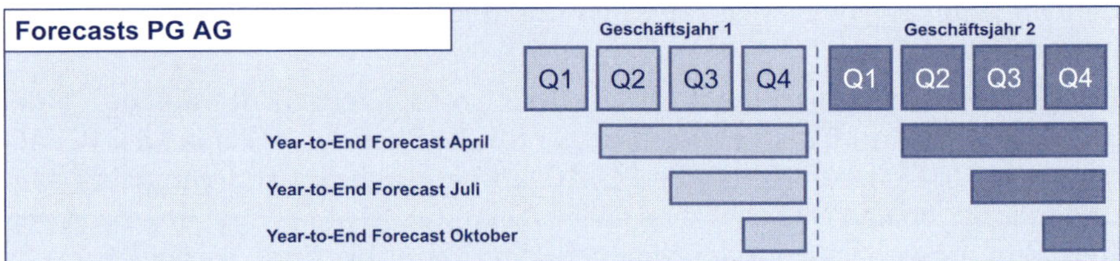

Abb. 23: Forecastlogik der PG AG

Trotz dem positiv geprägten Eigenbild von Dr. Schmidt und den Controllern zum Ablauf sowie den Inhalten der Planung und Budgetierung, entscheidet sich der CFO doch für die Einholung eines Fremdbildes durch die internen Kunden. Die zusammengefassten Ergebnisse der Befragung der Geschäftsführer und der Bereichsleiter zeigt *Abb. 24*.

Prozessuale Wünsche	**Inhaltliche/toolbezogene Wünsche**
• Reduzierung der Zeitaufwände für Bereichsleiter und GF (9 Nennungen)	• Transformation der Strategieergebnisse in die operative Planung sicherstellen (4 Nennungen)
• Mehr Entlastung durch zentrale Planung durch das Controlling (7 Nennungen)	• Mehr Fokus auf Plan-DB/-EBIT bei volatilen Geschäftsbereichen (4 Nennungen)
• Zweimonatlicher Forecast (3 Nennungen)	• Aufbau mehrerer Plan-/Budgetszenarien (3 Nennungen)
• Späterer Startzeitpunkt der strategischen Planung („näher am Jahr", 3 Nennungen)	• Ausbau/Professionalisierung der Tabellenkalkulationslösung durch Beraterunterstützung (2 Nennungen)
• Voll-Forecasting durchgängig einführen (3 Nennungen)	• Mehr Orientierung am Wettbewerb in der Planung (2 Nennungen)

Abb. 24: Umfrage zu Verbesserungswünschen zur Planung/Budgetierung bei Bereichsleitern und GF (N = 12, Doppelnennungen möglich)

Lösungsvorschläge von Experten aus der Praxis

Erik Roßmeißl, Mitglied des Vorstands der Wittenstein SE, Igersheim

Das Unternehmen ist auf der Basis seiner technologischen Fähigkeiten sehr schnell gewachsen. Die Führung erfolgt im Wesentlichen noch durch die beiden Gründer. Durch die Fokussierung auf die mechatronischen Systeme erfährt das Unternehmen eine starke Veränderung im Marktumfeld. Diese Veränderung betreffen sowohl die Volatilität, als auch die Aggressivität des Wettbewerbers in Bezug auf die Preise. Die Organisation und Führung des Unternehmens hat sich an diese Veränderungen aber auch an die Größe des Unternehmens noch nicht angepasst bzw. antizipiert nicht die mögliche weitere Entwicklung.

Die Problemstellung stellt sich im Wesentlichen wie folgt dar:

- Das Zusammenspiel zwischen Management und Controlling ist nicht klar. Die Akzeptanz für die Prozesse, Methoden und Instrumente des Controllings ist nicht vorhanden, aber auch das Eigenbild des Bereichs Controlling ist verzerrt.
- Der Planungs- und Forecast-Prozess passt nicht zu den betrieblichen Notwendigkeiten bzw. zu den Erfordernissen des Marktes: Planungsabläufe starten zu früh, dauern zu lange und sind zu detailliert. Der Dynamik des Marktes soll sogar mit noch mehr mittel- bis langfristigen Prognosen begegnet werden. Dies fördert nur eine „Scheingenauigkeit".
- Traditionelle Kalkulations- bzw. Kostenrechnungsverfahren sind nicht adäquat bei der zunehmenden Flexibilität des Unternehmens. Diese führen zu einem Denken in hohen Auslastungsgraden anstatt zu Flexibilität.

Folgender Zielzustand ist anzustreben:

Der Bereich Controlling ist als Partner für das Management anerkannt. Planung, Kontrolle und Forecast werden als wesentliche Prozesse zur Steuerung des Unternehmens und Koordination der verschiedenen Unternehmensbereiche angesehen.

Es existiert eine Mehrjahresplanung in Form einer BSC und finanziellen Planung, in einer signifikant geringeren Detailtiefe (KPIs) als die Jahresplanung. Diese Planung ist in Jahresscheiben aufgeteilt. Jährlich wird diese Planung im Zuge der Strategiearbeit aktualisiert und rollierend um ein Jahr erweitert. Für die Zielgrößen werden nicht nur ein fester Wert sondern auch Korridore geplant. Wichtig ist ebenfalls, dass die Zielgrößen in Abhängigkeit von externen Größen (Marktentwicklung, Wachstum Wettbewerber etc.) festgelegt werden.

Die Planung für das Geschäftsjahr wird aus der Mehrjahresplanung abgeleitet und an den relevanten Stellen vertieft. Prozessual werden zunächst auf Ebene des Top-Managements wesentliche Zielgrößen und Prämissen Top down vorgegeben. Im zweiten Schritt erfolgt eine Bearbeitung dieser Ergebnisse auf der nächsten Führungsebene. Im Ergebnis steht eine Einschätzung dieser Ebene, welche Zielerreichungsgrade möglich sind. Das Ergebnis des zweiten Schritts wird dann auf Top-Managementebene reviewt, ggf. nochmals diskutiert und die Ziele über die Bereiche hinweg in Einklang („Alignment") gebracht. Erst nach diesem Alignment findet die detailliertere finanzielle Planung statt. Dabei werden nicht alle Bereiche und Kostenstellen im selben Detailgrad sondern in Abhängigkeit von deren Relevanz zur Zielerreichung geplant.

Durch diese Veränderung kann der Planungsprozess deutlich effizienter gestaltet, signifikant verkürzt und näher an das Ende des Geschäftsjahres verlagert werden. Unterjährig wird mit Hilfe von quartalsweisen rollierenden Forecasts, bezogen auf die wesentlichen Kenngrößen, gesteuert. Der Bezugszeitraum ist nicht das Geschäftsjahresende, sondern ein auf Basis der unternehmensspezifischen Belange festgelegter Zeitraum. Damit ein „Entscheidungsvakuum" zu Beginn des kommenden Geschäftsjahres vermieden wird, sollten auch die notwendigen Investitionen im Forecast beinhaltet sein.

In regelmäßigen Abständen werden die Unternehmensprozesse erfasst und mit Kosten bewertet. So wird die Transparenz in den Gemeinkostenbereichen gesteigert, das Unternehmen kann wettbewerbsfähiger aufgestellt werden und die Erfolgsrechnung für die Produkte wird deutlich aussagefähiger.

Folgende Schritte sind zur Umsetzung nötig:

- Etablierung eines dezentralen Controllings, d.h. die Controller sind in den jeweiligen Geschäftseinheiten verortet und können mit dem Management auch inhaltlich auf „Augenhöhe" diskutieren.
- Das zentrale Controlling hat die Verantwortung für die Prozesse, Methoden und Instrumente und entwickelt diese stetig weiter.
- Quantifizierung der Strategie und Festlegung der KPIs bzw. der wesentlichen Werttreiber durch das Management, moderiert durch das Controlling.
- Externe Referenzgrößen festlegen und monitoren.
- Mehrjahresplanung etablieren.
- Planungsprozess auf „W"-Form umstellen.
- Durchführung einer Alignment- und einer Planungskonferenz zur effizienten Entscheidungsfindung.
- Finanzielle Planung entschlacken, d.h. die aktuelle Detailtiefe prüfen und ggf. anpassen.
- Forecast vom Bezug auf das Geschäftsjahresende auf einen Zeitraumbezug umstellen.
- Durchführung einer Prozesskostenrechnung.
- Weitergehend sollte auch die aktuelle Organisationsstruktur auf den Prüfstand gestellt werden.

Peter Löhnert, Leiter Controlling und Mitglied der Geschäftsleitung bei der Sick AG, Waldkirch

Die Hauptproblemfelder liegen zum einen im langen, aufwändigen Gesamtprozess mit mangelnder Akzeptanz im Management und zum anderen in der mangelnden Qualität der Überführung der strategischen Ziele in konsistente strategische Ausrichtung und Maßnahmenplanung der einzelnen Unternehmensbereiche. Auch die fragliche inhaltliche Planungsqualität durch ein sehr starres und detailliertes Planungskorsett mit wenig Flexibilität und mangelndem Eingehen auf das veränderte Marktumfeld (Veränderung der Geschäftsmodell-Struktur und Volatilität des Marktumfelds) stellt eine Herausforderung dar. Zudem ist die Automatisierung bzw. IT-Unterstützung des Planungsprozesses mangelhaft. Ganz allgemein betrachtet offenbaren sich im vorliegenden Unternehmen Schwächen bzgl. der Einbindung der „Controlling-Funktion" in das Geschäft.

Folgende Vorschläge bieten sich zur Lösung dieser Herausforderungen an:

Erstens ist die **Verbindung von Strategie und operativer Planung** herzustellen. Zur Überführung der Unternehmensziele in eine konkrete Planung der Bereiche ist der Einsatz eines strategischen Planungselementes mit strategischer Analyse und Maßnahmenplanung (z. B. mittels BSC-Ansatz) zu empfehlen. Aus dieser Planung werden sowohl die Hauptaktivitäten wie auch die Zielvorgaben für die Budgetplanung abgeleitet.

Zweitens ist die **Entkopplung des „Budgets" von der lfd. dispositiven Planung/ Steuerung in Beschaffung & Produktion** vorzunehmen. Das „Budget" stellt den Finanzrahmen und die Hauptmaßnahmen für den Gesamtkonzern und die einzelnen Einheiten dar; dieses Verständnis erlaubt eine wesentlich gröbere Planung und auch die Flexibilisierung der Teilpläne (unabhängig vom Budgetprozess gilt als Zielsetzung für Beschaffung & Produktion: höchstmögliche Flexibilität durch moderne technische und kfm. Konzepte anstatt deterministischer Feinplanung).

Drittens muss eine **konsequente Nutzung von Top-down-Zielvorgaben** mit Management-Commitment (koordiniert, aber nicht erstellt vom Controlling) stattfinden. Diese sollten als relative (Ergebnis-)Ziele formuliert werden um sicherzustellen, dass realistische Bereichsplanungen schon zum ersten Planungsstand erreicht werden.

Als vierter Punkt ist die **adäquate Integration der Vertriebsplanung in die Gesamtplanung** zu nennen. Eine konsistente Ausrichtung der Gesamt-Organisation erfordert eine gemeinsame Sicht der Vertriebsplanung mit den leistungserstellenden Einheiten. Wesentlich ist hier die Rücknahme und Flexibilisierung des Detaillierungsgrades (je nach Geschäftsmodell) mit entsprechender IT-Unterstützung und einheitlicher Datenbasis (s. u.).

Grundsätzlich ist fünftens der **Detaillierungsgrad in der Planung drastisch zu reduzieren** (dies betrifft alle Ebenen (Kostenstellen, Kostenarten, Produkte ...). Im Vordergrund steht, für die geplanten Aktivitäten einen plausiblen Finanzrahmen abzubilden. Auch die höhere Dynamik und Volatilität im Bereich „Systeme" erfordert es, die Möglichkeiten in Flexibilität und Detaillierungsgraden abweichend zum „Standard-Geschäft" zu nutzen. Auf möglichst grober Ebene muss eine „Mindest-Detaillierung" festgelegt werden, die Konzern-„Konsolidierung" ermöglicht.

Wichtig ist weiterhin eine **bessere Automatisierung/IT-Unterstützung.** Es ist ein Konzern-Planungsmodell systemisch abzubilden, das eine dezentrale Planung auf o.g. unterschiedlichen Ebenen zulässt, die Auswirkungen von Planänderungen direkt transparent macht und verschiedene Versionen und Simulationen unterstützt. Mit variablen Parametern zu wesentlichen Einflussgrößen sollte die Planung damit um Bandbreitenaussagen ergänzt werden. Das Modell ist auch direkte Basis für alle Berichte und Präsentationen zur Planung. Insel-Tabellenkalkulationen als nicht-integrierte bzw. starre Elemente im Prozess sollten abgelöst werden. Ob und welche Planungsfunktionen/Teilplanungen auch zukünftig im ERP-System abgebildet werden sollten (z. B. Kostenplanung) ist in Abhängigkeit vom o. g. Konzern-Modell zu klären (so gibt es bspw. im ERP-System integrierte Frontends, die eine einfache Planungsoberfläche mit Simulationsmöglichkeit bieten und gleichzeitig die ERP-Funktionalität zu Verdichtung und Reporting nutzen).

Zudem muss der Aufwand für **Plankorrekturen/-anpassungen drastisch reduziert werden**. Durch o.g. Zielvorgaben, Reduzierung der Detaillierung und einem einheitlichen Datenmodell sind Änderungen (möglichst auf grober Ebene) auch effizient durchführbar. Das Fixieren eines absoluten Endtermins mit entsprechendem Management-Commitment ist notwendig, um sicherzustellen, dass ein verabschiedeter „Budget-Rahmen" für den Gesamtkonzern vorliegt.

Als letzter relevanter Punkt ist **der unterjährige Steuerungsprozess** zu nennen. Das Budget stellt den finanziellen Rahmen für das Geschäftsjahr dar und ist insofern auch feste Orientierungsgröße für die lfd. Steuerung. Allerdings darf die Steuerung nie ausschließlich auf Budget-Zielerreichung fokussieren – relevant ist immer die Kombination von Zielerreichung und Veränderung zum Vorjahr (idealerweise ergänzt durch entsprechende Vergleichswerte zu Markt-/Wettbewerbsentwicklung) und dabei die Ausrichtung an relativen Größen (z. B. Wachstum, Profitabilität, Kosten-Quoten etc.). Auch weiterhin sollte ein Standard-FC-Prozess die laufende Steuerung im Sinne einer Überprüfung des aktuellen Budget-Rahmens unterstützen. Wesentlich dabei ist, den Standard-Prozess auf eine sehr grobe Ebene zu legen und schnell ohne größere Schleifen/Abstimmrunden zum Ergebnis zu kommen. Ergänzt wird dieser Standard-FC (auch weiterhin ca. 2–3 x p. a.) durch flexible „adhoc-Forecasts" bei Erkennen von besonderen Entwicklungen bzw. auch regelmäßig für einzelne Geschäftsbereiche wie z. B. das Systemgeschäft (dann auch mit spezielle an diesem Geschäftsmodell ausgerichteten Werkzeugen, wie spezielle Prognoserechnungen etc. auch über das lfd. Geschäftsjahr hinaus). Zusätzliche sehr einfache gestaltete Meldungen zu Auftrags-/Umsatz-Erwartungswerten (z. B. mtl. auf Landesebene) helfen, aktuelle Entwicklungen frühzeitig zu erkennen und fallweise Korrekturmaßnahmen zu starten.

Zusammenfassend lässt sich festhalten, dass die oben genannten Maßnahmen die Qualität der Budgetplanung erhöhen und einen wesentlich verkürzten Gesamtprozess mit klarem Endtermin erlauben. Neben dem „technischen" Prozess ist dabei die Zeitdauer für Abstimmung und Verabschiedung wesentlicher Stellhebel und muss verbindlich gesteuert werden.

Über den konkreten Planungsprozess hinaus ist es für die PG AG sehr wichtig, Maßnahmen zur Verbesserung von Qualität und Akzeptanz des Controller-Bereiches vorzunehmen. Die Nähe zum Management und Verbesserung des Geschäftsverständnisses sind dabei zentrale Punkte.

Lösungsvorschlag der Autoren

- Das Budgetierungssystem muss grundlegend überarbeitet werden.
- Es sind umfangreiche funktionale, instrumentale und organisatorische/institutionale Anpassungen erforderlich.
- Die Budgetierung muss im Kern einfacher, flexibler und integrierter gemäß den Prinzipien der Modernen Budgetierung werden (vgl. *Horváth/Gleich/Seiter* 2015, S. 132 ff.).

Ausgangssituation

Die geschilderte Situation in der Fallstudie verdeutlicht, dass bei der Präzisionsgetriebe AG eine ausgefeilte Controllinglogik existiert, die aber nicht immer zur Zufriedenheit des Managements funktioniert sowie ausgestaltet ist. Manche Manager, insbesondere Einkaufschef Müller kritisieren die Ausgestaltung des Controllings scharf („zu viel Elfenbeinturm“, „zu wenig angepasst an die Realität der PG AG“).

Die Verbesserungsnotwendigkeiten aus Sicht der Controllingkunden zeigt speziell die Umfrage im Kreis der Bereichsleiter und Geschäftsführer zu Verbesserungswünschen zur Planung und Budgetierung. Das Eigenbild der Controller scheint anders zu sein. Sowohl was die Ausgestaltung der Tools und Prozesse als auch den Ressourceneinsatz für die Planung und Budgetierung betrifft, passt das Eigenbild der Controller nicht mit dem Fremdbild der Manager zusammen.

Problemstellung

Die Problemstellung ist vielfältig. Für die Neugestaltung bzw. Weiterentwicklung der Planung sollte überlegt werden, wie diese flexibler, umfeld- und kundengerechter (Kunde hier: Controllerkunden), integrierter und einfacher sein könnte.

Ferner könnten noch Überlegungen angestrebt werden, um die Planung und Budgetierung kompakter zu machen.

Lösungsansätze

Nachfolgend wird aufgezeigt, wie anhand der drei relevanten Dimensionen eines Controllingsystems (funktional, instrumental, institutional) das Planungs- und Budgetierungssystem der PG AG verbessert werden könnte:

Anpassung der Aufgaben der Planung und Budgetierung (funktionale Sicht):

- Die Planung- und Budgetierungstiefe sollte verringert werden.
- Tiefenanalysen sind nur bei den „volatilen Einheiten“, besonderer Wettbewerbssituation, ergebniskritischen Produkten/Systemen und Innovationen vorzunehmen.

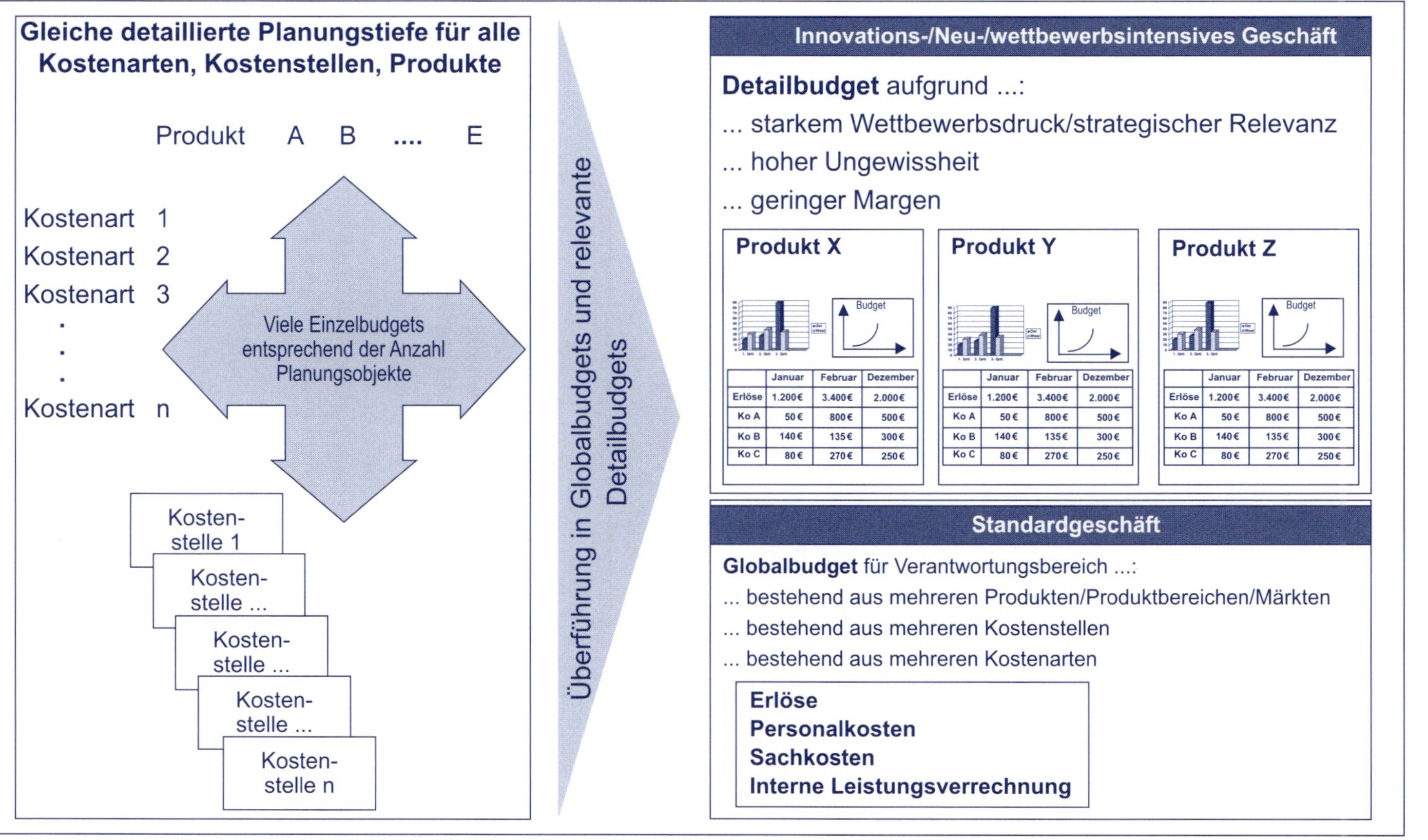

Abb. 25: Differenzierte Planungs- und Budgetierungslogik

Wie *Abb. 25* zeigt, sollte zwischen Standardgeschäft und „Sondergeschäft" differenziert werden:

Das Standardgeschäft, welches durch hohe Konstanz und viel Erfahrungen der Vergangenheit geprägt ist, kann durch die Nutzung von Globalbudgets vereinfacht geplant werden. Im Fall der Präzisionsgetriebe AG könnten die mechanischen Produkte durch die Anwendung von Globalbudgets erheblich vereinfacht analysiert und geplant werden.

Das Sondergeschäft umfasst beispielsweise solche Produkte/Geschäftsfelder, die einen hohen Innovationsgrad oder eine hohe Wettbewerbsintensität aufweisen, sowie das Neugeschäft. Es bietet sich an, diese Aktivitäten dementsprechend detailliert zu planen. Die Gründe sind vielfältig und liegen auf der Hand (bspw. niedrige Margen oder hohe Ungewissheit). Im Fall der Präzisionsgetriebe AG sollten die mechatronischen Produkte entsprechend detailliert analysiert und geplant werden.

Anpassung der Instrumente der Planung und Budgetierung (instrumentale Sicht):

- Die IT-Basis der Budgetierung sollte verändert werden. Dazu gehört die Einführung einer eigenständigen Planungssoftware oder die Nutzung spezieller Funktionalitäten im ERP-System. Tabellenkalkulationen sollten wegen ihrer hohen Fehleranfälligkeit nur für Sonderthemen genutzt werden.
- Planung und Steuerung müssen flexibilisiert werden. Die Flexibilisierungsvorschläge der Modernen Budgetierung (rollierende Planung/rollierende Forecasts, Szenarioplanung, vgl. auch das Beispiel bei *Horváth/Gleich/Seiter* 2015, S. 135) sollten aufgegriffen werden. Gegebenenfalls kann über den Einsatz unterschiedlicher Planungslogiken für Standardgeschäft und Systemgeschäft nachgedacht werden.

Abb. 26 zeigt eine mögliche Grundstruktur eines jahresübergreifenden Forecastings, die auch bei der Präzisionsgetriebe AG Anwendung finden könnte. Ob dies für alle Bereiche oder nur für ausgewählte „Problembereiche" erfolgen sollte, ist zwischen Controlling und Vorstand abzustimmen.

Speziell für den Problembereich der mechatronischen Produkte der Präzisionsgetriebe AG wäre es angebracht, rollierende Planungs- und Forecastsysteme einzusetzen. Damit ist stets ein weit reichender Blick in die Zukunft verbunden, als wenn nur die Beschäftigung mit dem aktuellen Geschäftsjahr erfolgt („year-to-end-forecast").

Anpassung der Organisation der Planung und Budgetierung (institutionale Sicht):

- Die Prozesse und Verantwortlichkeiten im Rahmen der operativen Planung sollten neu definiert werden. Der Prozess der Jahresplanung und der Plankorrektur sollten integriert werden, die Gesamtdauer sollte nicht länger als 3 Monate umfassen (Benchmarkingergebnisse klarstellen). Der Top-down-Beginn sollte mit eingebaut werden (dann evtl. Gegenstromverfahren). Auch die Rolle des Managements sollte gestärkt werden. Dazu muss hier ebenfalls ein stärkerer Input eingefordert werden.

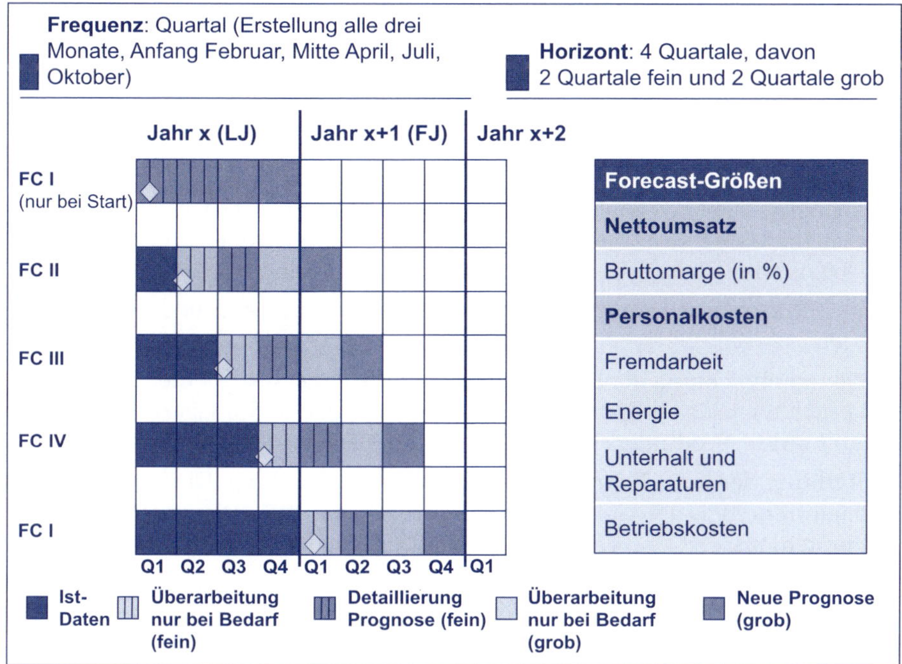

Abb. 26: Mögliche Struktur eines rollierenden Forecasts (vgl. Gleich et al. 2015, S. 107)

Ein neuer Planungsablauf für die Präzisionsgetriebe AG könnte im ersten Schritt wie in *Abb. 27* aussehen:

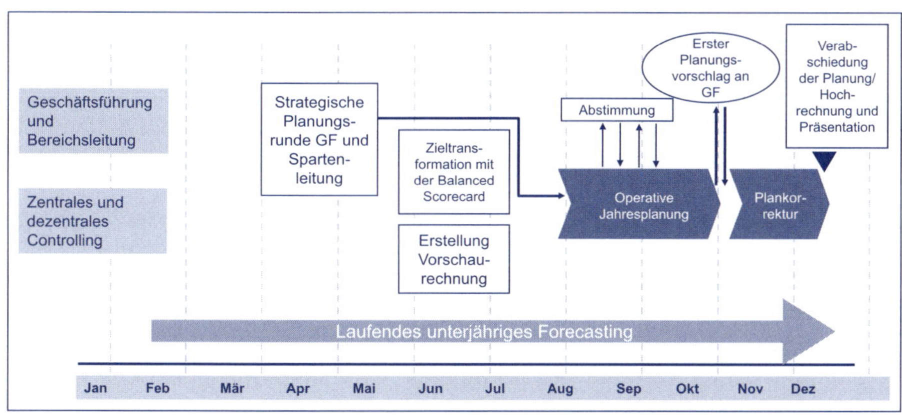

Abb. 27: Möglicher neuer Ablauf der Planung und Budgetierung

Die Planung insgesamt sollte deutlich verkürzt werden und später beginnen. Dies betrifft beide Planungsschritte, wobei auch die Plankorrektur deutlich zu straffen ist. Die Zieltransformation zwischen der strategischen und operativen Planung könnte, wie in der Abbildung angedeutet, wesentlich strukturierter erfolgen, wenn ein Tool wie die Balanced Scorecard (vgl. auch bei *Horváth/ Gleich/Seiter* 2015, S. 112 ff.) eingeführt werden würde.

Damit ließe sich auch die „Deutungshoheit" der strategischen Informationen (oder im Worst Case „Willkür" und „Informationsverzerrung") durch das Controlling erheblich reduzieren. Dies liegt daran, dass im Rahmen der Erarbeitung der Balanced Scorecard-Inhalte alle beteiligten Manager mitwirken und nicht nur das Controlling.

Die operative Planung würde im Fall der Umsetzung des Planungsablaufs bei der Präzisionsgetriebe AG analog der *Abb. 27* ca. 3,5 Monate dauern. Damit wäre man im Benchmarking zwar immer noch nicht Marktführer, jedoch im vorderen Mittelfeld (auch bei Einbeziehung der Plankorrektur als Teil der operativen Planung).

Weitere Maßnahmen könnten bei der Präzisionsgetriebe AG zudem durchführt werden:

- Weiterentwicklung der leitenden Controller zu Business Partnern, damit diese auch wirklich als Sparringspartner gegenüber den Managern im Hinblick auf Märkte, Produkte, Wettbewerber agieren können.
- Stärkung der Kern-Planungsmannschaft im Controlling. Die vom CFO propagierten 20 % der Controllingressourcen sind auf jeden Fall zu wenig. Empfehlenswert sind eher zwischen 40 % und 60 %.

Ferner sollte dringend die funktionale Organisation modifiziert werden. Es bietet sich eine divisionale Organisation oder eine Matrixorganisation für die Präzisionsgetriebe AG an.

Manche der oben beschriebenen Verbesserungswünsche der Bereichsleiter und der Geschäftsführer wurden teilweise bereits durch die möglichen Änderungen des Planungsablaufs und des Planungsdesigns adressiert (z. B. Erhöhung der Forecast-Rhythmen, Flexibilisierung der Planung oder bessere Transformation der Strategieergebnisse in die operative Planung).

Andere sollten tunlichst nicht umgesetzt werden. So wäre es grob fahrlässig, den Zeitaufwand für die Bereichsleiter und Geschäftsführer weiter zu reduzieren. Diesen muss stattdessen klar gemacht werden, dass sowohl die strategische als auch die operative Planung Teil der Managementaufgaben darstellen und eine solche Beschäftigung mit der Zukunft auch ausreichend Zeit der Führungskräfte erfordert.

Weiterführende Fragestellungen

Die hier diskutierte Fragestellung kreist um die Neugestaltung des Planungs- und Budgetierungssystems. Weiterführende Fragen könnten sich auf die Verbindung zur strategischen Planung sowie die notwendigen Kompetenzen der Planungsmanager konzentrieren:

- Wie könnte die Anbindung zwischen der Balanced Scorecard und dem neuen und modernen Budgetierungssystem aussehen? Sind hierzu noch instrumentelle Anpassungen erforderlich?
- Welche Kompetenzen benötigt ein Controller für die Koordination einer klassischen Budgetierung? Welche zusätzlichen Kompetenzen sind für die erfolgreiche Begleitung einer modernen Budgetierung nötig?

Hinführung

Nachdem in der vorhergehenden Fallstudie das Thema „Budgetierung" und damit das grundsätzliche Konzept des Planungs- und Kontrollsystems vorgestellt wurden, befassen wir uns in der folgenden Fallstudie mit der Rolle des Strategischen Controllings.

Während historisch betrachtet das Controlling einen rein operativen Charakter hatte, wurde in den vergangenen vierzig Jahren die strategische Funktion des Controllings zunehmend bedeutsam. Diese unterstützt die Führung ebenfalls, jedoch nicht in Form von Aufwand und Ertrag der Erfolgsziele eines Unternehmens. Vielmehr können durch das Strategische Controlling Erfolgspotenziale in Form von Chancen und Risiken – also nicht unbedingt in quantifizierbaren Ergebnissen – festgemacht werden.

In der Praxis ist die Unterstützungsfunktion durch diesen Teilbereich des Controllings aber laut Studien noch nicht so groß, wie es eigentlich benötigt und vom Management gewünscht wird. In unserem Konzept ist das Strategische Controlling mit der Koordination von strategischer Planung und Kontrolle mit der strategischen Informationsversorgung betraut. Es stellt gewissermaßen die Verknüpfung zwischen strategischer Planung und strategischem Management dar.

Durch die zunehmende Dynamik und Komplexität der Unternehmensumwelt aufgrund von Globalisierung, Verkürzung von Produktlebenszyklen oder der Digitalisierung ist die Wettbewerbssituation von Unternehmen heutzutage volatiler als früher. Um den Erfolg eines Unternehmens zu garantieren, müssen Strategien verfolgt, aber im Zweifel auch schnell wieder geändert werden. Strategien werden heute über eine viel kürzere Zeit verfolgt, als noch vor einigen Jahren. Die Fähigkeit zum schnellen Wechsel nennen wir strategische Flexibilität. Dies bedeutet auch „Planungsflexibilität", die eine erhebliche neue Herausforderung für das Controlling darstellt.

Basis eines solchen flexiblen und strategieorientierten Planungssystems kann die Balanced Scorecard sein. Diese „... ist ein Instrument, das die Lücke zwischen der Entwicklung und Formulierung einer Strategie und ihrer Umsetzung schließen will" (vgl. *Horváth/Gleich/Seiter* 2015, S. 114 und die dort aufgeführte Literatur).

Idealerweise wird die Balanced Scorecard als strategisches Managementsystem mit dem Ziel genutzt, die verschiedenen Strategien (z. B. auf Unternehmens-, Bereichs- oder Funktionsebene) langfristig zu verfolgen und umzusetzen (vgl. ausführlich bei *Horváth/Gleich/Seiter* 2015, S. 114 ff.).

Weiterführende Informationen in unserem Lehrbuch

In Kapitel 3: Strategische Planung und Strategieumsetzung mit der Balanced Scorecard (Kap. 3.7.1).

Fallstudie 4: Transpaket AG – Strategisches Management und Strategisches Controlling

Transpaket AG	
Branche	Logistikdienstleister/Paketdienst
Umsatz	ca. 1.100 Mio. EUR
Mitarbeiter	ca. 7.200 Mitarbeiter

Die Transpaket AG ist ein im deutschen MDAX notiertes Paketlogistikunternehmen und einer der sechs größten mitteleuropäischen Marktteilnehmer. Größter Anteilseigner des Unternehmens mit mehr als 47 % der Aktien ist ein deutscher Staatskonzern, das größte deutsche Schienenverkehrsunternehmen. Ein weiterer wichtiger Ankeraktionär mit 10,6 % der Aktien ist die Staatsholding eines arabischen Ölstaates. Weitere größere Aktionäre sind die Besitzerfamilien zweier ehemaliger, vor zwei bzw. vier Jahren akquirierter und in das Unternehmen integrierter Kooperationspartner der Transpaket AG. Familie Längerer hält 6,3 % der Aktien, Familie Hagenmüller 4,2 % der Aktien. Mit diesen Akquisitionen konnte die regionale Abdeckung der Transpaket AG in Ostdeutschland und Tschechien sowie in Schleswig-Holstein und Dänemark stark verbessert werden. Mehr als 30 % der Aktien sind im Streubesitz und werden an der Deutschen Börse in Frankfurt gehandelt. Der Aktienkurs liegt aktuell bei 12,60 EUR für eine 5 EUR-Aktie.

Geführt wird das Unternehmen aktuell durch drei Vorstände:

- Dr. Rolf Werner, CEO seit Anfang 2016 und verantwortlich für Märkte, das internationale Netzwerk, Kooperationspartner und die Konzernsteuerung,
- Sabine Weidmann, seit 2011 Vorstand Personal und Operations, insbesondere Depotkoordination, Dienstleistungspartner und Flottenmanagement sowie
- Stefan Goll, seit 2015 CFO, Qualitäts- und IT-Verantwortlicher.

Die Transpaket AG setzt sehr stark auf hohe Qualität und Zuverlässigkeit gegenüber Kunden und Kooperationspartnern. Zudem hat das Unternehmen in 2014 eine in der Öffentlichkeit stark wahrgenommene Nachhaltigkeitsoffensive hinsichtlich Produkten, Prozessen und Fuhrpark gestartet. Diese Offensive hat das Handeln aller Mitarbeiter stark beeinflusst.

Das Unternehmen ist regional auf die Märkte Deutschland, Ostfrankreich (Elsass/Lothringen), Belgien, Luxemburg, Dänemark, Tschechien, Polen, Schweiz und Österreich fokussiert. Weitere Märkte in Europa und der Welt, die insbesondere für das B2B-Geschäft relevant sind, werden über regionale Kooperationspartner bedient.

Das Unternehmen bedient sowohl das B2B-Business als auch den B2C-Bereich jeweils über die gesamte Wertschöpfungskette. Mehr als 70 % des Umsatzes wird in Deutschland realisiert. Dort liegt der Marktanteil bei ca. 16 % des Paketmarktes B2B und B2C. In den vergangenen sechs bis acht Jahren wurde stets ein Wachstum von 8–12 % realisiert.

Seit zwei Jahren wächst die Konkurrenz jedoch deutlich stärker, während Transpaket auf Konzernebene nur Wachstumsraten von 3,6 % (2015) und 4,9 % (2016) gemessen am Umsatz vorweisen kann. Gleichzeitig hat sich der Marktanteil im Kernmarkt Deutschland von 17,5 % um 1,5 % auf aktuell ca. 16 % reduziert.

Betrachtet man alleine den deutschen Markt, ist das absolute Umsatzwachstum trotz eines stark zunehmenden Marktes nahe Null. Zweistellige Umsatzzuwächse wurden nur in den Auslandsmärkten erzielt.

Aufgrund der unbefriedigenden Situation hat der neue CEO Dr. Werner eine Unternehmensberatung verpflichtet, die anhand der Kriterien Qualität, Flexibilität und Profitabilität einen Vergleich von Transpaket mit den fünf wichtigsten Wettbewerbern durchgeführt hat.

Marktbegleiter	Qualität (z. B. Laufzeit)	Flexibilität		Profitabilität
		(IT) Technologien	Kundennähe	
Wettbewerber A	2	3	1	2
Wettbewerber B	4	3	1	2
Wettbewerber C	3	4	4	4
Wettbewerber D	1	1	2	3
Wettbewerber E	2	2	1	1
Transpaket AG	2	1	2	2

Abb. 28: Transpaket AG im Wettbewerbsvergleich
(1 = schwach, 2 = mittel, 3 = gut, 4 = Branchenführer)

Wie *Abb. 28* zeigt, hat Wettbewerber C, ein ehemaliger Staatskonzern, eine führende Position, was sich auch am Marktanteil von über 40 % am Paketmarkt in Deutschland zeigt. Der Wettbewerber B, die Deutschlandtochter eines weltweit tätigen amerikanischen Logistikunternehmens, beansprucht seit Jahren die Qualitätsführerschaft. Auch die Beratungsexperten sehen dieses Unternehmen aktuell in der Rolle des Qualitätsführers.

Der Transpaket AG wird hingegen aktuell eine schwierige Wettbewerbssituation attestiert, was aus Sicht des CEOs auch die Probleme am Markt widerspiegelt:

„Wir haben keine Alleinstellungsmerkmale gegenüber unseren Wettbewerbern mehr und aktuell jeden Pionierstatus verloren."

Dr. Rolf Werner, CEO der Transpaket AG

Die beiden anderen Vorstände sehen allerdings die Transpaket AG speziell im Bereich „Kundennähe" deutlich stärker als von den Beratern eingeschätzt.

Besonders im B2B-Bereich wird diese Einschätzung auch durch die letzte Kundenbefragung gestützt. „Speziell die tschechischen Groß- und Einzelhändler waren mit unserer Performance und den Preisen durchaus zufrieden", zitiert gerne der langjährige Gesamtvertriebschef, das Transpaket-Urgestein Thilo Binder in Sitzungen der Geschäftsleitung die Ergebnisse dieser Befragung.

Allerdings existieren auch massive Probleme im vorwiegend im deutschen Markt durchgeführten B2C-Geschäft, das in der Vergangenheit jedoch eher stiefmütterlich gemanagt wurde. Speziell Vorstand Sabine Weidmann beklagt sich oft im Managementteam über die „vertriebliche Vernachlässigung dieses immensen Wachstumsmarkts". Vor allem da die deutsche Infrastruktur „praktisch steht" und keine weiteren Infrastrukturinvestitionen notwendig wären.

CFO Stefan Goll bemängelt das Fehlen einer speziellen „B2B-Vertriebsstrategie" und besonderer marktsegmentbezogener Verkaufsbudgets. Genau dies lehnt Vertriebsleiter Binder seit Jahren ab:

„Unsere Vertriebsmitarbeiter und das externe Vertriebsnetzwerk sollen den gesamten Markt im Blick haben und sich nicht auf einzelne Segmente fokussieren. So werden diese auch gesteuert. Für mich zählt sowieso nur der Gesamtumsatz, Segmentdifferenzierungen sind uninteressant."

Thilo Binder, Gesamtvertriebschef der Transpaket AG

Diese Gesamtumsätze werden planerisch im Controlling auf Basis der Vorjahreswerte auf die einzelnen Segmente aufgeteilt. Auch in der jährlichen Strategiesitzung setzt Vertriebschef Binder stets seine „Gesamtmarktsicht" durch.

Abb. 29 zeigt anhand einer Marktanteils-/Marktwachstums-Matrix die marktbezogene Einschätzung der fünf durch Transpaket bedienten Marktsegmente, erstellt vom engagierten Beraterteam sowie dem Unternehmensentwicklungsteam des CEOs.

Demnach verringerte sich der Marktanteil im wachstumsstarken B2C-Geschäft, während der Marktanteil im eher stagnierenden B2B-Markt Deutschland leicht stieg. Als „Star" kann das B2B-Geschäft in Europa gesehen werden, wenngleich das Volumen aktuell eher noch überschaubar ist. Problemprodukte scheinen das „Fast"-Geschäft sowie das interkontinentale Geschäft zu sein.

Das Team von CFO Goll flankiert diese Marktpositionseinschätzung mit aktuellen segmentbezogenen Kennzahlen (vgl. *Abb. 30*). Allerdings kritisiert vor allem CEO Dr. Werner „die Finanzlastigkeit der Controllingzahlen und deren wenig ausgeprägter Strategiebezug".

Besonders die selbstbewusste Controllingchefin Stefanie Herting kritisiert den vom Vertrieb propagierten „Gesamtmarktbezug" und die „schwammige und wenig segmentdifferenzierte Strategie".

Im Managementteam erläutert sie ihre Sicht der Dinge: „Wir müssen aus einer segmentbezogenen Marktanalyse endlich auch Segment-Strategiealternativen

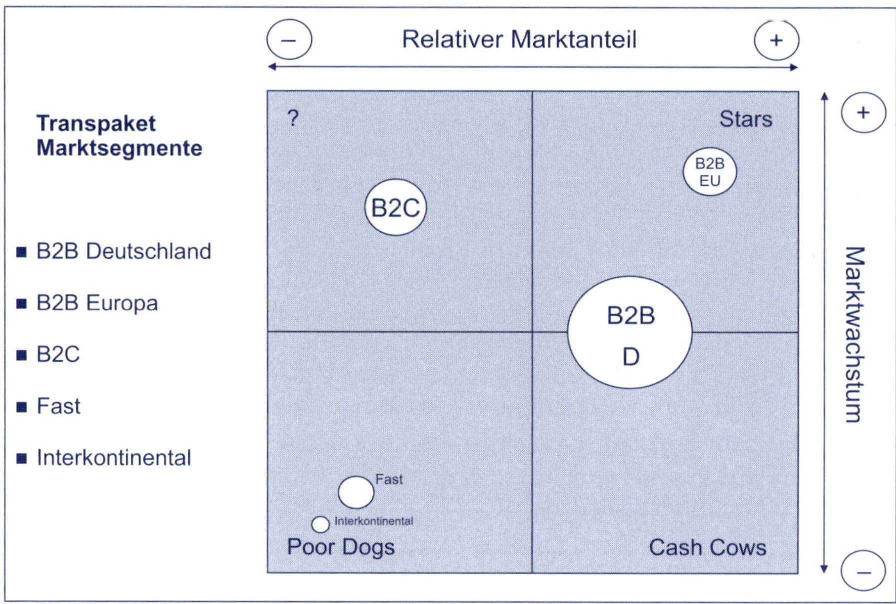

Abb. 29: Positionierung der fünf Transpaket-Marktsegmente

Ausgewählte Kennzahlen	gesamt	B2C	B2B Europa	B2B D	Fast	Interkontinental
Umsatz	1.125.000.000 €	202.500.000 €	157.500.000 €	618.750.000 €	101.250.000 €	45.000.000 €
Umsatzwachstum	4,9%	6,8%	8,3%	4,5%	0,6%	1,1%
Marktwachstum		10,2%	6,5%	4,2%	keine Werte	keine Werte
EBIT-Marge	8,1%	8,1%	7,4%	9,4%	3,5%	4,2%
Anzahl Sendungen	18.031.358	3.966.899	3.245.644	9.015.679	1.262.195	540.941
Anzahl Pakete je Sendung	14,21	1,53	18,65	19,43	8,48	6,86

Abb. 30: Ausgewählte Kennzahlen der Transpaket AG und deren Business Units

erarbeiten sowie bewerten und die optimale Strategie dann kompromisslos umsetzen". Das Controlling sieht sie dabei in einer Begleitungsfunktion, speziell CEO Dr. Werner und sein Team müssten Treiber des Strategieprozesses sein.

Die Abteilung Konzernsteuerung im CEO-Bereich erarbeitet daraufhin die in *Abb. 31* dargestellte aktuelle Situation bezüglich der strategischen und operativen Berichtsstruktur. CEO Dr. Werner kritisiert infolgedessen sehr scharf das Controlling:

„Das Controlling liefert uns zu drei von fünf Erfolgskategorien gar keine oder nicht akzeptable Berichte. Besonders beim Strategiebericht vermisse ich Auswertungen für die relevanten Zielgrößen. Marktinformationen alleine genügen nicht. Wir müssen hier dringend Verbesserungen initiieren."

Dr. Rolf Werner, CEO der Transpaket AG

Berichtsstruktur	JA	Extra-berichte	Strategie-bericht	Periodicals (QB, MB)	Projekt-controlling	Budget-berichte
Finanzen	●	●	◕	●	●	●
Kunden/Märkte	●	●	●	●	○	◕
Prozesse/IT	○	◕	–	○	●	○
Qualität	○	●	○	○	○	○
Innovation	○	○	–	○	◕	○

● = weitgehend etabliert, mittlere/hohe Akzeptanz
◕ = weitgehend etabliert, geringe/keine Akzeptanz
○ = Einführung geplant/in Arbeit
– = noch nicht eingeführt

Abb. 31: Strategische und operative Berichtsstruktur in Bezug zu Erfolgskategorien

Lösungsvorschläge von Experten aus der Praxis

Petra Bohn, Leiterin Controlling bei der Purena GmbH, Wolfenbüttel

In der vorliegenden Fallstudie fehlt eine klare strategische Ausrichtung des Unternehmens Transpaket AG. Diese ist in erster Linie durch das Management zu erarbeiten und im Unternehmen zu etablieren (Stichwort: gelebte Strategie). Die erfolgreiche Etablierung im Unternehmen ist ein wichtiger Faktor für den Erfolg des Unternehmens.

Die Mitarbeiter stellen einen wesentlichen Faktor für die gesamte Entwicklung des Unternehmens dar (Motor). Hierfür ist es notwendig, die Gesamtstrategie des Unternehmens auf die einzelnen Unternehmensbereiche abzuleiten und daraus gemeinsam **mit den „Berichtsempfängern" unterschiedliche und verständliche Kennzahlen** sowie die dazugehörigen Berichte zu entwickeln (inkl. Überarbeitung der Berichtszyklen).

Die gemeinsame Entwicklung stärkt die Akzeptanz und weitere Etablierung im gesamten Unternehmen. Der Controllingbereich muss stärker in die Ableitung von Maßnahmen eingebunden werden, welche aus den Berichten resultieren (Projektsteuerung). Diese Art von Steuerung scheint im Unternehmen wenig etabliert zu sein (nur bei Finanzen/Prozesse/IT). Werden hier Maßnahmen abgeleitet oder nur berichtet?

Für den entscheidenden Faktor „Kunde" stellen sich zwei Fragen: „Was will der Kunde wirklich?" und „Kenne ich meine Kunden oder meine ich es nur zu wissen?" (interne/externe). Hier muss stärker in die Analyse eingestiegen werden, um ein „Alleinstellungsmerkmal" gegenüber den Mitbewerbern klar herauszuarbeiten. Zum Beispiel beim Thema „Service". Alle Mitarbeiter müssen sich als Dienstleister verstehen.

Die **IT-Unterstützung** im Unternehmen scheint zurzeit noch nicht sehr ausgeprägt zu sein und befindet sich noch im Aufbau. Dieser Prozess muss beschleunigt werden, um schneller auf den veränderten Markt reagieren zu können (hohes Datenvolumen, kürzere Berichtszyklen, ...).

Die gesamten **Prozesse im Unternehmen sind noch einmal auf den Prüfstand** zu stellen. Das Unternehmen ist gewachsen, die Prozesse sind auf die neue Ausrichtung des Unternehmens anzupassen (vgl. auch den Hinweis aus *Abb. 28* – hier ist eine geringe Profitabilität im Vergleich zum Mitbewerber erkennbar).

Abschließend sollte sich das Unternehmen konsequent auf die Segmente beschränken, die sich in den Feldern mit hohem Wachstum befinden und diese weiter auszubauen. Von Express- und Interkontinental-Geschäften sollte sich das Unternehmen trennen.

Hans Wolfgang Blumschein, COO Road Marking Systems Europe der SWARCO AG, Wattens (Österreich)

Zunächst fällt auf, dass sowohl hinsichtlich einer Business-Strategie als auch hinsichtlich daraus abgeleiteter Kennzahlen keine systematischen und durchdeklinierten Strukturen erkennbar werden. Auch die Organisation und Ressortverteilung insbesondere im Vorstand werfen Fragen auf, warum die Zuständigkeiten so wie dargestellt verteilt sind und wo hier der konkrete und direkte Bezug zur Strategie liegen soll. Jedes Unternehmen muss marktorientiert geführt werden.

Zunächst kommt es meines Erachtens darauf an, die **zukünftige Marktentwicklung richtig abzuschätzen**, um daraus einen Plan zu erarbeiten, wo genau die Transpaket AG in 5 bzw. 10 Jahren stehen will. Dabei muss sorgfältig auf die unterschiedlichen Segmente geachtet werden, die ja unterschiedlichen Marktdynamiken unterliegen. Dabei ist anhand der mitgelieferten Kennzahlen bereits klar erkennbar, dass das Segment B2C mit 10,2 % das höchste Marktwachstum zeigt und Transpaket AG hier nur unterdurchschnittlich partizipiert.

Dagegen partizipiert die Transpaket AG überproportional am Segment B2B EU und vergrößert den Marktanteil im am langsamsten wachsenden Segment B2B Deutschland. Es ist also zunächst zu überprüfen, ob dieser Trend des unterschiedlichen Wachstums in den Segmenten und innerhalb des Segments in den Regionen auch zukünftig in den kommenden 5 bis 10 Jahren so anhalten wird und was die Wachstumstreiber sind.

Die strategischen Kennzahlen, die das Marktwachstum kennzeichnen, sind z. B. der Zuwachs BIP/Kopf je Land und die Entwicklung des Versandhandels B2C der Marktführer Otto, Zalando etc.

Ich gehe davon aus, dass die Überprüfung bestätigen wird, dass B2C weiterhin am stärksten wachsen wird. Daher müssen die zukünftigen Anforderungen im Segment B2C genau verstanden werden, um hier wieder Boden gut zu machen, wenn sich die Transpaket AG auf diese Anforderungen einstellt:

- Leadzeit/Zustellzeit,
- Reklamationsquoten,
- Service beim Rückversand (zum Teil ist ja mit Rücksendungsquoten von über 40 % zu rechnen) etc..

Was bietet hier heute bereits der Marktführer B bzw. C? Eine eigene **SWOT-Analyse** bei der Transpaket AG wird helfen, die Schwächen schnell offen zu legen. Dies ist durch eigene Teams zu erarbeiten, ggf. unter externer Moderation. Diese Teams sollten sich aus Vertretern des mittleren Managements zusammensetzen und alle funktionalen Bereiche repräsentieren.

Hieraus sind dann Maßnahmen mit konkreten Plänen abzuleiten, um ein profitables Wachstum im B2C-Bereich zu generieren. Dies sollte erreicht werden, ohne über den Preis zu gehen, wohl aber mit dem Anspruch auf Kostenführerschaft, um Leistungen wettbewerbsfähig gegenüber B und C anbieten zu können.

Zu diesen Maßnahmen könnte, je nach Ergebnis der Analyse, z. B. eine Neuausrichtung des Customer Service Desks gehören, der auch den Onlinehandel und die sich hieraus ergebenden Anforderungen reflektiert (dies hängt von dem Ergebnis der SWOT-Analyse ab). Aber auch Anforderungen, die sich gegebenenfalls an die Infrastruktur ergeben, z. B. besondere LKWs für B2C, Paketstationen in Kundennähe etc., die sich vermutlich von den Anforderungen aus dem B2B-Geschäft unterscheiden.

Insbesondere wird hier in Zukunft mit stärkeren Veränderungen zu rechnen sein. Beispielsweise wurden in Großbritannien die U-Bahn-Ticketstationen vor geraumer Zeit von einem Versandhändler übernommen, um dort die Pakete den Kunden direkt auf dem Nachhauseweg auszuhändigen. Die Zustellung in den PKW-Kofferraum analog dem Carsharing zählt auch zu diesen Entwicklungen, deren Ende aber noch nicht abzusehen ist.

Diese beschriebenen Maßnahmen, die sicher nicht vollständig sein können, wären natürlich regelmäßig zu messen und als **KPIs (Key Performance Indicators) der Organisation zugänglich zu machen**. Dabei kommt es darauf an, sich auf die Kennzahlen zu konzentrieren, die die Betrachtung der Segmente unterstützen und transparent machen:

- Marktwachstum je Segment und Jahr für B2C, B2B Deutschland und B2B EU. Hier scheint die Transpaket AG die heutigen Anforderungen dieses Segments gut zu erfüllen und gewinnt daher Marktanteile. Der deutsche Markt ist sicher deutlich weiter entwickelt und die Anforderungen dürften hier höher liegen als in z. B. in Tschechien, Polen etc..
- KPIs je Segment: Zielumsatz, wenn der Marktanteil erhalten bleibt. Dies erfolgt nach Monaten aufgeteilt, um die Saisonalität widerzuspiegeln und so zeitnah zu erkennen, wenn die Transpaket AG Marktanteile verliert.
- Noch besser wäre natürlich, hier bereits die Zielumsätze zu hinterlegen, die zum Zielmarktanteil führen, damit die Transpaket AG die verlorenen Marktanteile zurück gewinnt. Dies ermöglicht es, KPIs für die kommenden fünf Jahre nach Monaten (Abbildung der Saisonalität) bereits festzulegen und dagegen die IST-Zahlen aber auch Budgetvorschläge für die zukünftigen Jahre zu messen.

Damit sichergestellt ist, dass der Fokus auf profitablem Marktwachstum liegt, ist es unabdingbar, das eine P&L mit EBITDA je Segment erstellt wird, ggf. je Land/Region.

Um die **Kundennähe bzw. Kundenperformance** zu messen, sind z. B. drei Größen relevant:

- OTIF rate (Orders in Time In Full), die die versprochene Liefererfüllung aus Kundensicht misst,
- die Reklamationsquote, die je 1000 Lieferungen misst,
- die Bearbeitungszeit der Reklamationen gegenüber dem Kunden. Hier ist zum einen das Kundenbedürfnis als Zielgröße heranzuziehen, zum anderen die Performance der Wettbewerber. Eventuell lassen sich hier auch Alleinstellungsmerkmale gewinnen.

Alle diese KPIs sind monatlich zu erstellen und auch der Organisation im mittleren und unteren Level zugänglich zu machen.

Die Strategie der Transpaket AG muss deutlich machen und dokumentieren, wo genau im jeweiligen Segment die Transpaket AG in 5 bzw. 10 Jahren stehen will und wie sie beabsichtigt dort hinzukommen, inkl. Investitionen, Ressourcen, M&A/Zukäufen als Vehikel etc..

Jährlich ist ein **Bericht zu erstellen, ob der strategische Fortschritt** auch erreicht wurde (Marktanteil, EBIT je Segment). Das kann das Strategische Controlling leisten. Dagegen muss das Business (= Business-Leitung = Segment-/Profitcenter-Leitung) die „Corrective Actions" hieraus generieren, um die ggf. entstandenen Lücken zu schließen.

Hierbei kann es hilfreich sein, den ROI für getätigte Investitionen nach einem Jahr einmal nach zu kalkulieren. Dies verhindert unter Umständen, dass sich Fehlinvestitionen fortsetzen, ohne dass daraus gelernt wird.

Bezüglich der Organisation gilt das Prinzip „structure follows strategy": Demnach muss sich die Organisationsstruktur direkt aus der Strategie ableiten. Wenn die segmentale Vorgehensweise zielführend sein soll, sollten auch entsprechende Profit Center geschaffen werden (B2C und B2B). Darunter kann dann die Schwerpunktsetzung auf B2B Deutschland und B2B EU erfolgen.

Vertriebsteams kann es durchaus in Kooperation mit beiden Profit Centern z. B. im EU-Ausland geben, aber auch ein Key Account Management kann sich als kundenorientierte Lösung anbieten, um Doppelstrukturen zu vermeiden. Innerhalb der Profit Center muss es ein Business Controlling geben, das eng mit einem übergeordneten Konzerncontrolling zusammenarbeitet.

Das alles sind durchaus erhebliche Veränderungen und Anpassungen bei der Transpaket AG. Dem notwendigen Change Management muss daher die höchste Priorität beigemessen werden. Die inhaltlichen und strukturellen Veränderungen sind das eine, die „Hardware", das andere ist jedoch, die Menschen mitzunehmen und einzubinden in diesen Veränderungsprozess. Es ist Aufgabe des CEOs, dafür zu sorgen, dass sich das Management über mehrere Ebenen von den positiven Aspekten der Neuausrichtung inspirieren lässt. Ich nenne dies die „Software", also die weichen Faktoren. Diese tragen vor allem zum Erfolg oder auch Misserfolg – wenn hier Fehler gemacht werden – bei und zwar zu 50 % + X.

Lösungsvorschlag der Autoren

- Die Wettbewerbssituation und strategische Positionierung der Transpaket AG sind aktuell alles andere als positiv. Der Vergleich mit den wichtigsten Marktteilnehmern in dem oligopolistisch geprägten Markt sowie Ergebnisse der weiteren Analysen verdeutlichen das.
- Das Strategische Controlling muss ausgebaut werden und die fundierte Basis für produkt- bzw. geschäftsbereichsbezogene und strukturelle Entscheidungen bieten.
- Diese Überlegungen sollten durch eine kennzahlenbasierte Analyse der verschiedenen Geschäftsbereiche unterstützt werden.

Ausgangssituation

Die Ausgestaltung wichtiger strategischer Managementtools sowie der begleitende Controllingansatz sind bei der Transpaket AG nur rudimentär vorhanden. Es gibt viele offene Fragestellungen sowie undifferenzierte Analysen. Speziell bei nichtfinanziellen Aspekten der strategischen Positionierung (z. B. Qualität, Innovationen, Prozesse/IT) gibt es großen Nachholbedarf. Entsprechend existiert im Management die Unsicherheit, in welche Business Units (BUs) in Zukunft weiter investiert werden sollte und in welche Business Units nicht. Schwierig ist, dass das Management nicht „Hand in Hand“ arbeitet sondern eher in unterschiedliche Richtungen. Dies zeigt sich auch in der Aussage der Controllingleiterin Herting, welche die „schwammige und wenig segmentdifferenzierende Strategie“ und damit das Vertriebsmanagement (und dessen Primat der „Gesamtmarktsicht“) sowie auch den CEO kritisiert.

Problemstellung

Folgende Probleme sind zu lösen: Wie ist ein Sollkonzept eines Strategischen Controllings und damit das Zusammenwirken zwischen Management und Controlling auf strategischer Ebene der Transpaket AG idealerweise ausgestaltet? Des Weiteren ist zu fragen, wie eine mehrdimensionale und integrative strategische Planung für die Transpaket AG aussehen könnte? Wie könnten die Defizite hinsichtlich der nichtfinanziellen und nicht marktbezogenen Berichte eliminiert werden (z. B. Qualität, Innovation)? Welche Konzepte wären hier für die Transpaket AG nützlich? Abschließend ist zu fragen, wie eine differenzierende Analyse der BUs aussehen sollte. Welche erweiterten Kennzahlen aufgrund der vorhandenen BU-Informationen liefern einen erweiterten strategischen Entscheidungswert?

Lösungsansätze

Es gilt, seitens des Managements eine zukunftssichere Aufstellung des Unternehmens anzustreben.

Zwar scheint es im Unternehmen Fragmente eines strukturierten strategischen Managements und eines darauf basierenden Strategischen Controllings zu geben, jedoch sollte dies nochmal grundsätzlich geprüft und hinterfragt werden.

Wie ein Sollkonzept eines Strategischen Controllings aussehen könnte, zeigt *Abb. 32*.

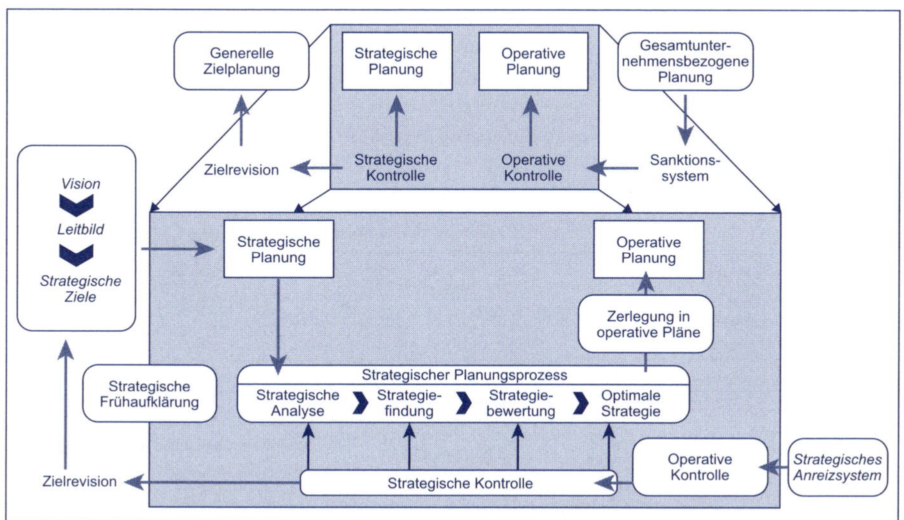

Abb. 32: Sollkonzept des Strategischen Controllings
(vgl. Baum/Coenenberg 2007, S. 11 sowie die weitergehenden Ausführungen bei Horváth/Gleich/Seiter 2015, S. 105 ff.)

An dieses Sollkonzept sollten sich Manager, Unternehmensentwickler und Controller der Transpaket AG halten und es als Basis für neue und weitreichende strategische Änderungen heranziehen.

So vermisst man nach Lektüre der Ausgangssituation eine nach Business Units differenzierte Marktstrategie. Die vom Vertriebschef seit Jahren angestrebte und durchgesetzte „Gesamtmarktsicht" ist nicht geeignet, um die unterschiedlichen Geschäftsfelder und Marktentwicklungen abzubilden.

So fehlen spezielle Strategien sowohl für die „Fragezeichen"-BUs (Wachstumsmarkt B2C) als auch für das B2B-Geschäft, welches aktuell sehr wichtig ist und noch positiv dasteht. Dies ist dringend zu ändern. Gleichzeitig sollte man aufgrund seiner Aussagen über die Person des Vertriebschefs ernsthaft nachdenken und über eine neue strategische Aufstellung hinaus möglicherweise auch personelle Neuaufstellungen anstreben.

Ein weiteres Problemfeld stellt die allgemeine Wahrnehmung der Transpaket AG am Markt im Vergleich mit den Wettbewerbern dar (vgl. nochmals *Abb. 28*). Das Unternehmen hat auch bei der angeblichen Stärke „Kundennähe" massive Probleme im Vergleich zur Konkurrenz. Hier sollte unbedingt der „strategische Vorbau" (Vision, Mission, strategische Ziele) nochmals genau analysiert und diskutiert werden, um die relevanten Marktkriterien (Qualität, Technologien,

Kundennähe und Profitabilität) entsprechend als Ziele zu verankern. Darauf gründend sind dann die oben als wünschenswert erachteten differenzierten Strategien und Maßnahmen zur Situationsverbesserung zu erarbeiten.

Um die Umsetzung der Strategien bestmöglich zu gestalten, bietet sich der Einsatz einer Balanced Scorecard an (vgl. im Detail bei *Horváth/Gleich/Seiter* 2015, S. 114 ff.). Der von den Experten des *Internationalen Controller Vereins e. V. (ICV)* propagierte Ansatz der Modernen Budgetierung (vgl. bei *Horváth/Gleich/Seiter* 2015, S. 132 ff.) liefert einen integrierten Planungs- und Steuerungsansatz (vgl. *Abb. 33*), der möglicherweise auch für die Transpaket AG Orientierung geben könnte. Schritt 1 dieses Konzeptes wäre das oben bereits genannte Konzept für ein Strategisches Controlling (vgl. nochmals *Abb. 32*).

Abb. 33: Möglicher integrierter Planungs- und Steuerungskreislauf (vgl. Gleich et al. 2009, S. 91)

Ein solches Konzept und das Planen sowie Steuern über mehrere Zieldimensionen wäre dann auch der Ansatzpunkt für das Controlling, die Berichtsstruktur der Transpaket AG deutlich anzupassen und dem Management neue Berichte zur Performance der Prozesse/IT, Qualität und Innovation zur Verfügung zu stellen. Besonders der Einsatz der besagten Balanced Scorecard (u. a. die Dimensionen Kunden, Markt und Innovation) würde hierbei viel Input für diese wettbewerbsrelevanten Kriterien generieren.

Weitere interessante Einblicke in mögliche strategische Entwicklungen und Fokussierungen der Transpaket AG ergibt die differenzierte Analyse der Kennzahlentabelle in der Fallbeschreibung.

Die ertragsstärksten Business Units sind demnach die Einheiten B2B Deutschland und B2C. Auf die Anzahl der Sendungen bezogen ist die Reihung die gleiche.

Ausgewählte Kennzahlen	gesamt	B2C	B2B Europa	B2B D	Fast	Interkontinental
Umsatz	1.125.000.000 €	202.500.000 €	157.500.000 €	618.750.000 €	101.250.000 €	45.000.000 €
Umsatzwachstum	4,9%	6,8%	8,3%	4,5%	0,6%	1,1%
Marktwachstum		10,2%	6,5%	4,2%	keine Werte	keine Werte
EBIT-Marge	8,1%	8,1%	7,4%	9,4%	3,5%	4,2%
Anzahl Sendungen	18.031.358	3.966.899	3.245.644	9.015.679	1.262.195	540.941
Anzahl Pakete je Sendung	14,21	1,53	18,65	19,43	8,48	6,86
EBIT BU		16.402.500 €	11.655.000 €	58.162.500 €	3.543.750 €	1.890.000 €
EBIT pro Sendung		4,13 €	3,59 €	6,45 €	2,81 €	3,49 €

Abb. 34: Erweiterte Kennzahlen der Transpaket AG und deren Business Units

Was lässt sich hieraus ableiten? Am wenigsten ertragreich scheinen das „Fast"-Geschäft und das interkontinentale Geschäft zu sein. Letzteres kann wegen der Vernetzung mit dem B2B-Geschäft Deutschland und Europa kaum eliminiert werden, da Geschäftskunden weltweit bedient werden sollten.

Jedoch muss strategisch darüber nachgedacht werden, dass „Fast"-Geschäft ggfs. auch über Partner zu organisieren („buy" statt „make" analog dem interkontinentalen Geschäft) oder grundsätzlich mit dem Ziel der Effizienzsteigerung zu überarbeiten.

Ziel sollte sein, auch in dieser Business Unit zwischen 3,50 EUR und 4,00 EUR pro Sendung zu verdienen. Für das B2C-Geschäft bestätigen die Kennzahlen die Vermutung, die bereits mehrmals angeklungen ist: Dieser Markt kann für die Transpaket AG noch deutlich wichtiger werden und möglicherweise den Wachstumsmotor für die nächsten Jahre darstellen. Hierzu ist unbedingt eine entsprechende B2C-Strategie mit strategieumsetzenden Maßnahmen zu erarbeiten.

Organisatorisch sollte der gesamte Prozess der Strategieerarbeitung und -umsetzung klar strukturiert sein. So müsste die angesprochene Abteilung Unternehmensentwicklung des CEOs die Koordination bei der Strategieerarbeitung und -überarbeitung übernehmen. Das Controlling hat die Strategieumsetzung stark voranzutreiben und das Balanced Scorecard-Konzept zu managen. Die Rolle der Manager wäre die der Inputgeber sowie der Umsetzungsverantwortlichen im strategischen Management und Controlling.

Auch die Rollen des Vorstands und die organisatorische Aufstellung des Unternehmens könnten noch weiter hinterfragt werden. Eine rein funktionale Aufstellung, wie sie aktuell umgesetzt wird, könnte möglicherweise durch eine divisionale Aufbauorganisation nach BUs ergänzt oder ersetzt werden. Auch eine Matrixorganisation ist denkbar. Auf jeden Fall sollten der neuen differenzierteren strategischen Positionierung auch organisatorische Anpassungen folgen (Prinzip „structure follows strategy").

Weiterführende Fragestellungen

Die Fallstudie beschäftigt sich intensiv mit der strategischen Positionierung der Transpaket AG. Man könnte folgende ergänzende Aspekte diskutieren, um die Lücken der Berichtsstruktur zu füllen (vgl. nochmals *Abb. 31*):

- Wie könnte ein Kennzahlensystem für die Transpaket AG differenziert nach qualitäts-, prozess- und innovationsbezogenen Gesichtspunkten aussehen?
- Wie könnte darauf basierend ein Prozesscontrolling ausgestaltet sein?
- Was könnte durch das Controlling initiiert werden, um die Schwachstellen der Transpaket AG in Bezug auf die Flexibilität zu bearbeiten (vgl. nochmals *Abb. 28*)?

4 Koordination des Informationsversorgungssystems

Hinführung

Während sich die vorhergehenden Fallstudien mit dem Controllingsystem als Ganzes sowie dem Planungs- und Kontrollsystem befasst haben, steht nun das Informationsversorgungssystem im Mittelpunkt unserer Betrachtung. Das Management eines Unternehmens benötigt für die ergebniszielorientierte Steuerung nämlich detaillierte Informationen vom Controlling. Oder anders gesagt: Das Informationsversorgungssystem muss alle für Planung und Kontrolle benötigten Informationen mit dem notwendigen Genauigkeits- und Verdichtungsgrad am richtigen Ort und zum richtigen Zeitpunkt bereitstellen und dient somit der Verbesserung des Informationsstands des Managements (vgl. *Horváth/Gleich/Seiter* 2015, S. 172 f.).

Die Informationen werden in der Regel vom Rechnungswesen generiert, welches Zahlen und Kennzahlen über das Unternehmen, die Produktion, die Produkte und vieles mehr mithilfe verschiedenster Rechnungen aufbereitet. Die Analysen und Berechnungen, die das Rechnungswesen durchführen, sind weitgehend bekannt und elementarer Teil des Controllings. Zu nennen sind hier trotzdem die Teilgebiete Finanzierungsrechnung, Bilanz- und Erfolgsrechnung sowie die Kosten- und Leistungsrechnung.

Die Kosten- und Leistungsrechnung strukturiert entstehende Kosten in den Dreiklang Kostenartenrechnung, Kostenstellenrechnung und Kostenträgerrechnung. Sie umfasst sämtliche Voll- und Teilkostenrechnungssysteme des Unternehmens – so ist die in dieser Fallstudie angesprochene Deckungsbeitragsrechnung beispielsweise eine Teilkostenrechnung, die Erlöse und proportionale Kosten einer Produkteinheit gegenüberstellt und so den Deckungsbeitrag ermittelt (vgl. *Hoitsch/Lingnau* 1999, S. 302 ff.). Dieses Prinzip findet auch in den Weiterentwicklungen der Deckungsbeitragsrechnung mit Einbezug der Fixkosten oder Trennung von Einzel- und Gemeinkosten noch heute seine Anwendung, wie die nachfolgende Fallstudie zeigt.

Weiterführende Informationen in unserem Lehrbuch

In Kapitel 4: Das Informationsversorgungssystem (Kap. 4.2), Beschaffung und Aufbereitung der Information (Kap. 4.5) und Kosten- und Leistungsrechnungen (Kap. 4.5.3.2.3).

Fallstudie 5: VOLLMER GmbH – Der Umgang mit Komplexität

VOLLMER GmbH	
Branche	Industrielle Automatisierung
Umsatz	ca. 700 Mio. EUR
Mitarbeiter	ca. 4.000 Mitarbeiter

Die VOLLMER GmbH ist ein familiengeführtes, mittelständisches Unternehmen aus dem Großraum Karlsruhe. Das Unternehmen wurde 1951 vom Großvater des heutigen Geschäftsführers Dr. Bernhard Vollmer gegründet. In dieser Zeit hat sich die Firma, die sich in ihren Anfangsjahren als Sensorhersteller einen Namen machen konnte, zu einem Spezialist für industrielle Sicherheitstechnik hin entwickelt.

Die angebotenen Antriebe, Schaltgeräte und -systeme für Maschinen und Anlagen sorgen für Produktivität weltweit. Im vergangenen Jahr konnte das Unternehmen Tochtergesellschaften in Indien und Japan gründen und den Umsatz auf dem chinesischen Markt verdoppeln. Wichtige Meilensteine des Unternehmens zeigt *Abb. 35*.

1951: Gründung des Unternehmens	1962: Eröffnung des zweiten Produktionsstandorts	1965: Gründung der britischen Tochtergesellschaft	1984: Joint Venture in Brasilien	1997: Übergabe an die 3. Generation

Abb. 35: Wichtige Meilensteine der Unternehmensgeschichte

Die Fertigung der Produkte der VOLLMER GmbH erfolgt vorwiegend extern – nur ein geringer Anteil der Automatisierungstechnik wird innerhalb des Unternehmens selbst gefertigt. Lediglich die Leiterplattenbestückung wird noch komplett selbst ausgeführt. Die beiden Hauptstandorte – einer in der Nähe von Karlsruhe und einer im Allgäu – sind jeweils auf die Produktion bestimmter Produktgruppen spezialisiert.

Etwa 150 Schlüssellieferanten entwickeln gemeinsam mit dem Unternehmen Werkzeuge, die dann bei VOLLMER verbleiben. Zusätzlich wurde in den vergangenen Jahren eine große Anzahl von Verträgen mit C-Teil-Lieferanten geschlossen.

Eine vor Kurzem durch die Geschäftsführung in Auftrag gegebene Analyse des Kundenstamms lässt vier verschiedene Kundengruppen erkennen:

- Serienkunden, die die Teile in Maschinen einbauen,
- Unternehmen mit großen Fabriken, die ihre Fabrik mit Teilen ausstatten wollen,

- Kunden, die Ersatzteile beziehen sowie
- Händler.

Die Key-Account-Kunden werden vom eigenen Außendienst betreut, des Weiteren setzt das Unternehmen auf Handelsvertreter, die einen Großteil des Produktprogramms vertreiben. Im Ausland erfolgt der Vertrieb zusätzlich über Kooperationen mit anderen Unternehmen oder über die vorhandenen Tochtergesellschaften.

Im Controlling des Unternehmens arbeiten unter der Leitung des Betriebswirts Ralf Achenbach zurzeit rund 35 Mitarbeiter. Die Controller haben im Unternehmen den Status eines Business Partners für das Topmanagement und werden für ihre gute Prozess-, Daten- und IT-Kenntnisse geschätzt. Bedingt durch die Internationalisierung und das zunehmend volatilere Marktumfeld wurden die Controllingprozesse in den vergangenen Jahren umfassend überarbeitet. So wurden das Berichtswesen und die Planungsprozesse vereinfacht, die Planungszyklen wurden verlängert sowie ein eigenes Beteiligungs- und Risikomanagement-Controlling eingeführt.

Durch den bereits beschriebenen Wandel vom Sensorhersteller hin zum Experten für Automatisierung hat die Komplexität des Produktportfolios der VOLLMER GmbH in den vergangenen Jahren sehr stark zugenommen. Durch die zahlreichen Altprodukte, die nicht abgekündigt werden, steigt die Menge der angebotenen Produkte immer weiter an.

„Wir garantieren unseren Kunden maximale Verlässlichkeit! Ein Sensor, der heute gekauft wird, wird auch in 30 Jahren noch bei uns im Portfolio sein. Dafür stehen wir mit unserem Namen."

Dr. Bernhard Vollmer, Geschäftsführer der VOLLMER GmbH

Die im Moment angebotenen 50 Produktgruppen können in drei Produktreihen eingeordnet werden:

- Aktoren: Hierzu zählen alle Antriebe in den Formen „mechanisch", „elektromechanisch" oder „elektronisch". In dieser Produktreihe findet seit mehreren Jahren das stärkste Wachstum statt.
- Bediensysteme und Bauelemente: Hierunter fallen sämtliche Bedien- und Steuerungssysteme.
- Sensoren: In dieser Produktreihe sind besonders viele Altprodukte enthalten. Dazu zählen Positionsschalter und Steckverbinder.

Bis auf die Bediensysteme sind in den letzten beiden Produktreihen ausschließlich mechanische Systeme zu finden, die leider nicht mehr dem aktuellen Stand der Technik entsprechen. Der Geschäftsführer ist deshalb seit geraumer Zeit in Gesprächen mit den Mitarbeitern der Entwicklungsabteilung, ob es sinnvoll wäre, Entwicklungsaufwand in diese alten Produkte zu investieren. So verfügen zum Beispiel die angebotenen Bediensysteme noch nicht einmal über einen Bildschirm. Da nahezu jede Maschine in der industriellen Fertigung über ein solches Bediensystem verfügt, erscheint eine Modernisierung durchaus sinnvoll.

Bei der Modernisierung eines einzelnen Produkts ist für das Controlling eine Direktverrechnung des Entwicklungsprojekts möglich. In der Realität sieht sich das Controlling jedoch vor eine zusätzliche Herausforderung gestellt: Da meist Grundtechnologien wie bspw. die Funktechnik weiterentwickelt werden, muss ermittelt werden, welche Produkte davon genau profitieren.

Eine Berechnung des Controllingleiters Ralf Achenbach ergab, dass das Unternehmen mit zehn Produktgruppen einen sehr hohen und mit 25 Produktgruppen einen ausreichenden positiven Ergebnisbeitrag erzielt. Die restlichen 15 Produktgruppen bringen der VOLLMER GmbH jedoch einen negativen Ergebnisbeitrag. Zur großen Freude des Controllingleiters sind eine detaillierte Verrechnung auf Ebene der Produktgruppen und so eine Analyse der Ergebnisbeiträge möglich.

„Alle Produkte, die keinen DB bringen, müssen wir loswerden. Auch Produkte mit einem geringen Deckungsbeitrag können wir abschaffen, um Strukturkosten zu sparen."

Ralf Achenbach, Controllingleiter der VOLLMER GmbH

Die schematische Betriebsergebnisrechnung des Unternehmens ist in *Abb. 36* dargestellt.

Vor zwei Jahren wurde die Kostenträgerrechnung des Unternehmens überarbeitet. Dadurch wurde die beschriebene Verursachungsgerechtigkeit ermöglicht. Hilfreich waren dabei die Daten der Disposition, der Picks sowie die Zeitaufschriebe in der Entwicklung sowie die Veränderung der Kostenträgerrechnung hin zu Mengengrößen.

„Leider sind uns die Komplexitätskosten, die unser Portfolio verursacht, nicht bekannt. Oder anders gesagt: Ich weiß nicht, wie weh unserer Organisation die alten Produkte tun."

Ralf Achenbach, Controllingleiter der VOLLMER GmbH

Der eigentliche Anstoß, dass sich das Controlling mit dieser Thematik befassen musste, kam von der Entwicklung und Produktion. Dort spürt man die Komplexität tagtäglich. Die Zuverlässigkeit in der Produktlieferung schlägt sich schließlich in der Lagerhaltung des mittelständischen Familienunternehmens nieder – es müssen mehrere Hundert Teile dauerhaft vorgehalten werden, was zum Aufbau diverser Lager geführt hat, die ohne die Komplexität nicht benötigt würden.

Zusätzlich kommt es auch zu viel Verschrottung durch Einzelbestellungen von Kunden. Da die Mindestbestellmenge der Teile bei den Lieferanten beispielsweise bei 20 liegt, werden häufig die restlichen 19 Teile verschrottet – alles, um die Liefersicherheit für den Kunden zu gewährleisten. Die entstehenden Kosten durch die Verschrottung (vgl. *Abb. 37*) werden nicht auf eine Produktgruppe verrechnet, sondern über alle umgelegt – damit ist hier die Verursachungsgerechtigkeit nicht gegeben.

Bruttoumsatzerlöse
– Rabatte in %
= Nettoumsatzerlöse I
– Erlösschmälerungen
= Nettoumsatzerlöse II
– Materialeinzelkosten
– Fertigungseinzelkosten
– Materialgemeinkosten variabel
– Provisionen
= Deckungsbeitrag I
– fixe Materialgemeinkosten
– Fertigungsgemeinkosten
– Direkt zurechenbare Apl.-/Maschinen-/Werkzeugkosten
– Restgemeinkosten aus Fertigung
= Deckungsbeitrag II
– direkt zurechenbare Produktkosten (Patente, 0-Serie, ...)
– Kosten CAD/Entwicklung
+ Fördergelder
– Kosten CAD/Konstruktion
– Kosten Dauerversuch
= Deckungsbeitrag III
– Kosten Vertrieb
= Deckungsbeitrag IV
– Verwaltungskosten
= Kalk. Betriebsergebnis I
– Fertigungseinzelkosten aus Abstimmung
+ Sonstige Erträge
– Bestands-Verschrottungen
– Sonstige Aufwendungen (Gewerbesteuer, Immobilien, ...)
– Währungsdifferenzen (USA, Brasilien, Korea)
= Kalk. Betriebsergebnis II

Abb. 36: Betriebsergebnisrechnung

Leider gewinnen die Altprodukte auch nie Neukunden – es handelt sich bei den Bestellern verständlicherweise ausschließlich um Bestandskunden. Eine Analyse, ob es hier Quereffekte gibt, hat bislang nicht stattgefunden. Vor etwa vier Jahren hatte die Geschäftsführung den Plan ins Auge gefasst, eine Produktbereinigung durchzuführen und eine der betreffenden Produktgruppen abzukündigen. Da der Vertrieb jedoch den großen Einfluss von Schlüsselkunden geltend machte, wurden diese Planungen schnell wieder verworfen.

Abb. 37: Entwicklung der Verschrottungskosten der VOLLMER GmbH seit 2006 (in Tsd. EUR)

Der eintretende Imageschaden wurde als zu groß eingeschätzt. Zudem gibt es gleichwertige Konkurrenten, wodurch ein Abwandern von Kunden eine zu recht befürchtete Folge sein könnte.

„Natürlich stellen wir uns ständig die Frage: Hätte es beim Betriebsergebnis mehr sein können, wenn man dies alles vermeidet?"

Ralf Achenbach, Controllingleiter der VOLLMER GmbH

Ein weiterer Komplexitätstreiber ist der Trend von der Elektromechanik hin zur Elektrotechnik. Dadurch werden die Software und zugehörige Updates immer relevanter. Hier entsteht wiederum ein Problem bei der Verrechnung: Die Softwareentwickler erfassen ihre Arbeitszeiten für einzelne Produktgruppen. Diese Vorgehensweise ist jedoch nicht konsistent, da manche Softwarearchitektur bei mehreren oder sogar allen Produktgruppen zum Einsatz kommt. Neben dem steigenden Beratungsbedarf und den nötig werdenden Schulungen für die Mitarbeiter im Vertrieb stellen auch die regelmäßig anzubietenden Updates für die Software die Geschäftsführung vor Probleme.

„Dürfen wir einen Kunden für ein Update zur Kasse bitten oder ist das ein kostenloser Service, der unseren Produkten einen Mehrwert verleiht? – Diese Frage beschäftigt uns sehr, seit die Software in unseren Produkten Einzug gehalten hat."

Dr. Bernhard Vollmer, Geschäftsführer der VOLLMER GmbH

Ein Trend, mit dem sich das Familienunternehmen zudem konfrontiert sieht, ist die zunehmende Ersetzung von Hardware durch Software. Dadurch ändern sich die bisherigen Kostenstrukturen. Eine einfache Verrechnung wie früher mit Stücklisten praktiziert, ist nicht mehr möglich. Gleichzeitig findet ein Austausch von variablen Kosten (Materialeinzelkosten) durch fixe Kosten (Softwareentwicklung) statt. Bisher arbeitet das Controlling mit Entwicklungskostenzuschlägen, wodurch auch hier zum Teil ein „Gießkannenprinzip" Einzug gehalten hat. Produkte mit einem hohen Umsatz tragen so einen dementsprechend hohen Anteil der Entwicklungskosten.

Die beschriebene Komplexitätszunahme in vielen Bereichen stellt die Geschäftsführung nun vor die Frage, inwiefern die bisherigen Controllingprozesse und das Produktportfolio weiterentwickelt werden sollten.

Lösungsvorschläge von Experten aus der Praxis

Thomas Spitzenpfeil, Mitglied des Vorstands, CFO und CIO der Carl Zeiss AG, Oberkochen

Die VOLLMER GmbH ist ein (noch) erfolgreiches Familienunternehmen, das im Laufe seiner 65-jährigen Geschichte zu einem großen, auf industrielle Sicherheitstechnik fokussierten Mittelstandsunternehmen gewachsen ist. VOLLMER hat die Chancen der Internationalisierung sowohl im Vertrieb als auch in der Beschaffung genutzt, die Wertschöpfungsstruktur erscheint schlank und auf Kernkompetenzen ausgerichtet (Entwicklung, Leiterplattenbestückung, Supply Chain Management). Das Controlling des Unternehmens hat in einigen Aspekten mit der Entwicklung des Unternehmens mitgehalten (Planungszyklus und -prozess, Beteiligungs- und Risikomanagement), ist aber für einige der anstehenden Herausforderungen wie den steigenden Ergebnisdruck nicht gerüstet.

Folgende **Problemstellung** lässt sich erkennen: Das Produktportfolio von VOLLMER erscheint unausgewogen, was die aus den vorgelegten Daten illustrativ aufgebaute Pareto-Analyse in *Abb. 38* zeigt. 30 % der Produktgruppen liefern einen negativen Ergebnisbeitrag. Was bei VOLLMER als Ergebnisbeitrag definiert ist bleibt unklar. Vermutlich wird das sogenannte Betriebsergebnis II herangezogen, das aus einer kalkulatorischen Vollkostenrechnung hergeleitet wird.

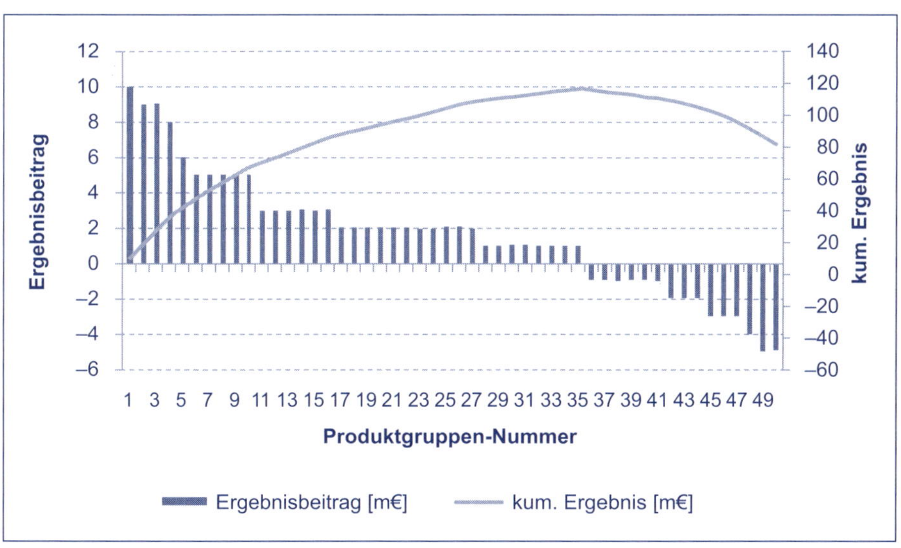

Abb. 38: Pareto-Analyse

Die Geschäftsführung stellt sich daher die Frage, ob und wie das Produktportfolio und das Controlling verändert werden müssen. Die Problemstellung hinter dieser Frage ist vielschichtig:

- Die Gestaltung des Produktportfolios ist ein essenzieller Teil des Wertversprechens eines Unternehmens. Die zugrunde liegenden strategischen

Fragen können nicht allein auf die Produkteliminierung verkürzt werden, es müssen vielmehr die Summe aller Leistungen, Produkte, Services und die Preisgestaltung betrachtet werden. Dies sollte Teil eines regelmäßigen Strategieprozesses sein, der mindestens die Dimensionen Marktumfeld, Wettbewerb und Technologien umfasst. Es scheint bei VOLLMER jedoch weder einen Strategieprozess noch ein unterstützendes Strategisches Controlling zu geben. Indizien hierfür sind z. B. eine ausufernde Produktvielfalt, hoher Ergebnisdruck, Festhalten an nicht faktenbasierten Vertriebs-Dogmen und ein produktzentriertes Inside-Out-Denken.

- Die Controlling-Organisation ist für Prozess-, Daten- und IT-Kenntnisse geschätzt und verfügt über eine Stärke in Fertigungskostentransparenz und Reporting, ist jedoch auf Grund fehlender Kompetenz kein Partner für wichtige strategische und vertriebstechnische Fragen.
- Ein Vertriebscontrolling, eine Kunden(gruppen)- und eine Markterfolgsrechnung sind nicht vorhanden. Eine Kostenträgerrechnung ist zwar implementiert, hat aber mit den technologischen Veränderungen nicht schrittgehalten; Produktreihen sind eher an der Fertigungsaufstellung als an strategisch relevanten Merkmalen ausgerichtet. Die auf Vollkostenverrechnung ausgelegte Kostenträgerrechnung ist in einigen relevanten Teilen zu generisch und führt in Verbindung mit pauschal geschlüsselten Fixkostenanteilen möglicherweise zur Fehlbeurteilung der Wirtschaftlichkeit von Produkten.

Die identifizierten Problemstellungen sollten in der richtigen Reihenfolge adressiert werden: Erst müssen die richtigen strategischen Fragen gestellt und darauf aufbauend die Controllingprozesse und -instrumente angepasst und geschärft werden.

Es lassen sich **mehrere Lösungsansätze** formulieren:

Zum einen müssen vertriebsstrategische Fragen als Basis für die Produktportfolio-Entwicklung gestellt werden. Die Entwicklung eines wirtschaftlichen Produktportfolios bedarf einer strukturierten Segmentierung und Beurteilung von Kundengruppen, Preisen und Wettbewerbern. Zu diesem Zweck muss die VOLLMER GmbH eine Vielzahl von Fragen beantworten, z. B.:

- Mit welchen Kunden/Kundengruppen und welchen Produkten werden welche Umsätze und Wachstumsraten realisiert?
- XYZ-Analyse der Kunden: Wie profitabel sind welche Kunden/Kundengruppen?
- ABC-Analyse der Produkte: Wie wirtschaftlich sind welche Produkte/Produktgruppen?

Basierend auf dem durch die Beantwortung dieser Fragen generierten Verständnis der Größe, Dynamik und Wirtschaftlichkeit der Kunden- und Produktgruppen kann weiterführend das Produktportfolio gestaltet werden. Da VOLLMER sich an sein Versprechen *„Wir garantieren unseren Kunden maximale Verlässlichkeit! Ein Sensor, der heute gekauft wird, wird auch in 30 Jahren noch bei uns im Portfolio sein"* gebunden sieht, muss die erforderliche Portfoliobereinigung über eine Steuerung des Kundenverhaltens mittels einer geeigneten Preissetzung erfolgen.

Hierzu gilt es, die Effekte von Preiserhöhungen basierend auf der Preissensitivität der Kunden und der Wettbewerbssituation abzuschätzen und darauf basierend notwendige Gewinnmargen, Zielpreise und ggf. Zielkosten zu bestimmen. Zur Portfoliobereinigung sollten verschiedene Hypothesen getestet werden, z. B.:

- Bestandskunden kaufen überwiegend Ersatzteile, mit denen Verluste erwirtschaftet werden. Da Ersatzteile in Relation zu den installierten Maschinen vermutlich günstig sind, sind diese Kunden nicht preissensitiv und eine Preiserhöhung ist entweder möglich oder führt zur Eliminierung von Verlustbringern, da diese nicht mehr nachgefragt werden. Beides führt in die richtige Richtung.
- Die Einführung von Mindestabnahmemengen analog zu den Mindestabnahmemengen bei den Zulieferern von VOLLMER ist aufgrund der geringen Preissensitivität der Bestandskunden möglich.

Eine besondere Rolle spielen ferner Software und Beratung, welche mit zunehmender Digitalisierung und unter Beachtung der Kreuzpreiselastizität mit bestehenden Produktgruppen als separates Produkt etabliert und fakturiert werden sollten.

Für das Controlling ergeben sich zur optimalen Unterstützung der Beantwortung dieser vertriebsstrategischen Fragestellungen **wesentliche Handlungsfelder zur Weiterentwicklung**:

- Aufbau eines Vertriebscontrollings und Erweiterung der strategischen Controlling-Kenntnisse hinsichtlich Markt, Wettbewerb und Preis mit der Zielstellung, auch auf diesem Gebiet zu einem kompetenten Sparringspartner für das Management zu werden. Dafür sollten dezidierte Ressourcen geschaffen werden, die eng mit Vertrieb und Produktmanagement zusammenarbeiten.
- Etablierung eines regelmäßigen (mindestens) jährlichen Strategieprozesses zur Beantwortung von Vertriebsfragen, der gemeinsam von Vertrieb und Controlling gestaltet wird.
- Schaffung eines Instrumentariums zur Kunden(gruppen)- und Produktgruppenerfolgsrechnung durch Neugliederung der Produktgruppen/-reihen unter Beachtung relevanter Attribute, was schon bei erster Anwendung interessante Einblicke erlaubt (vgl. *Abb. 39* nur beispielhaft und vereinfacht hergeleitet aus den in der Fallstudie enthaltenen Hinweisen).

Produktgruppe		mechanisch	elektronisch	digitalisierbar	up to date	outdated
Aktoren	mechanisch	x	--		x	
	elektromechanisch	x	x	x	x	
	elektronisch	--	x	x	x	
BS&BE	Bediensysteme		x			x
	Steuerungssysteme	x		x		x
Sensoren	Positionsschalter	x	--			x
	Steckverbindungen	x	--			x

Abb. 39: Verfeinerung der Produktreihenattribute

- Eine aussagekräftige mehrstufige Deckungsbeitragsrechnung für Produkte und Produktgruppen ermöglicht die Entscheidungsfindung auf Basis von verursachungsgerecht ermittelten Deckungsbeiträgen und notwendigen Ziel-Margen. Die bisherige Vollkostenrechnung bis zum Betriebsergebnis II mit darin geschlüsselt verteilten Fixkosten erscheint so entbehrlich, ebenso die kalkulatorischen und außerordentlichen Elemente. Eine Angleichung der Erfolgsrechnung an das externe Rechnungswesen ist ratsam.
- Weiterführend sollte eine verursachungsgerechte Verrechnung von Kosten (z. B. Verschrottungskosten) umgesetzt und die Zuordnung von Softwareentwicklungskosten mittels Zuschlagssatz nur auf die „digitalisierbaren" Produkte bzw. die Schaffung einer eigenen Produktgruppe „Software" implementiert werden.

Dr. Joachim Lamla, Kaufmännischer Geschäftsführer der Porsche Leipzig GmbH

Die VOLLMER GmbH liefert Komponenten der Automatisierungstechnik, die in Anlagen von Dritten verbaut werden (Neuanlagen und Ersatzteile). Von drei Produktreihen beruhen zwei auf veralteter Technologie. Die Lieferfähigkeit für Ersatzteile wird extrem langfristig garantiert. Dadurch bietet die VOLLMER GmbH ein extrem breites, mit hoher Lagerhaltung verbundenes Produktportfolio an.

Die Produkte werden selbst entwickelt. Die Wertschöpfungstiefe der eigenen Produktion (zwei deutsche Standorte) ist äußerst gering. Der Großteil der Produkte wird fremdbezogen. Der Vertrieb erfolgt weltweit über Vertriebstochtergesellschaften, Kooperationen oder Handelsvertreter.

Der Controllingansatz beruht im Kern auf einer Produktkostenrechnung für produzierende Unternehmen. Es gibt neuerdings erste Ansätze, um Gemeinkosten (Entwicklung, Logistik) prozessorientiert auf Produkte zu verrechnen.

Es können folgende drei Themenkomplexe bezüglich der **Problemstellung** unterschieden werden:

- Produktprogramm: Strategisch ist der Zusammenhang zwischen den Deckungsbeiträgen der Produktgruppen, der jeweiligen Technologie (neu vs. alt) und dem (zukünftigen) Wertbeitrag nach Kundengruppen/Märkten nicht klar. Operativ sind die Verluste zu minimieren.
- Große Variantenvielfalt und steigende Komplexitätskosten (Gemeinkosten): Der immer größer werdende Gemeinkostenblock macht die an Herstellkosten orientierte Produktkostenrechnung schrittweise obsolet.
- Gestaltung der Wertkette: Die Wertkette ist historisch gewachsen. Der Zusammenhang zwischen Technologien und Kernkompetenzen einerseits und dem Produkterfolg nach Kundensegmenten und/oder Märkten andererseits ist nicht mehr klar. Daraufhin sind die Controllingprozesse neu auszurichten. Das Informationssystem stellt nicht ausreichend strategische Informationen zur Verfügung.

Der **anzustrebende Zielzustand** im Sinne einer langfristigeren strategischen Ausrichtung auf die Zukunft stellt sich wie folgt dar:

- Konsequente Ausrichtung an Kunden, Märkten und zukünftigen Produkten,
- bereinigtes Produktportfolio,
- Reduzierung Komplexitätskosten und Verlustbringer,
- Steigerung des Erlöspotenzials und Stärkung der Investitionskraft und
- Fokussierung auf Kernkompetenzen und Neuausrichtung der Wertschöpfungskette.

Während bei der VOLLMER GmbH die klassische vergangenheitsorientierte Kostenträgerrechnung sehr gut ausgebaut ist, **mangelt es grundsätzlich an zukunftsgerichteten, strategischen Informationen**. Es fehlen Informationen über

Märkte, Kunden und Technologien (externe Sicht). Es fehlen gleichfalls Informationen über die eigenen (strategischen) Stärken und insbesondere stellt sich die Frage nach den Kernkompetenzen („Für was stehen wir?“) und eine daran ausgerichtete Wertschöpfungskette. In jedem Fall kann die durch Lagerhaltung erkaufte Lieferfähigkeit bei Altprodukten an Altkunden keine Kernkompetenz darstellen. Es bedarf des Ausbaus der strategischen Planung und prognostischer unternehmensexterner Informationen über Kunden, Märkte und Technologien.

Das Produktportfolio ist mit Blick auf die Maximierung der zukünftigen Erlös- bzw. Deckungsbeiträge zu bereinigen. Bei den Altprodukten geht es zunächst um eine verursachungsgerechtere Zuordnung der Verschrottungs- und ggf. Lagerhaltungskosten. Daraus ergibt sich ein Fahrplan zur Bereinigung des Produktprogrammes, indem Produkte vollständig eliminiert werden oder ggf. auf einen anderen Vertriebskanal verlagert werden (z. B. Direktbelieferung von den Lieferanten und/oder über den Handel). Dabei ist die Kundenbeziehung aktiv zu managen, sodass sie gewinnbringender in Bezug auf Zukunftsprodukte eingesetzt werden kann. Damit sind wir bei den Neuprodukten. Ihr Wertsteigerungspotenzial ist durch die eingangs genannte Erhebung von markt-/kundenbezogenen prognostischen Informationen zu bewerten. Eine Segmentierung der Kunden sollte erfolgen. Die prognostische Information ist insbesondere deshalb notwendig, um überhaupt die ständig steigenden (vorlaufenden) Entwicklungskosten, vermehrt ohne direkten Produktbezug, rechtfertigen zu können. Erfolgt dies nicht, dann läuft die VOLLMER GmbH Gefahr, zwischen steigenden Fixkosten (Entwicklungs- und Komplexitätskosten) einerseits und nach und nach versiegenden Erlösen bei den Altprodukten andererseits in eine Abwärtsspirale bezüglich des Cashflows zu geraten. Es bedarf also einer Portfolioanalyse (Marktwachstum/-anteil, Marktattraktivität) sowie strategieorientierter Finanzierungsrechnungen.

Die **Wertkette ist auf die Neuprodukte auszurichten**. Dabei sollte im ersten Schritt analysiert werden, welches die diesbezüglichen technologischen Kernkompetenzen sind. Im zweiten Schritt sind die Fertigungstiefe und Fertigungsstandorte darauf auszurichten. Letztendlich ist dies in den Kunden-/Marktkontext zu bringen. Zudem sind die Vertriebskanäle und Standorte neu auszurichten. Es bedarf also einer Wertkettenanalyse und einer Wertsteigerungsanalyse.

Lösungsvorschlag der Autoren

- Das Grundproblem dieser Fallstudie äußert sich in einem Controlling, das nicht an die Komplexität des Unternehmens und des Unternehmensportfolios angepasst ist.
- Es müssen deshalb auf organisatorischer, funktioneller und instrumenteller Ebene Änderungen erfolgen.

Ausgangssituation

Die VOLLMER GmbH ist, wie das gesamte produzierende Gewerbe, im Zeitalter von Industrie 4.0 von den Auswirkungen der Globalisierung und der Digitalisierung betroffen. Verstärkt wird die dadurch entstandene Komplexität im vorliegenden Fall noch durch die Gestaltung des Produktportfolios, was die Anforderungen an das Controlling und an die Controller deutlich erhöht.

Problemstellung

Anpassungsbedarf entsteht vor allem dadurch, dass es dem Unternehmen in der Vergangenheit nicht gelungen ist, das Controlling an die stetig gewachsene Komplexität anzupassen. Auf welchen verschiedenen Ebenen müssen Änderungen stattfinden?

Lösungsansätze

Organisatorisch/institutionell bietet sich als Reaktion auf die hohe Komplexität des Produktportfolios eine Standardisierung der internen Reporting-Prozesse sowie Anpassungen in der Aufbauorganisation an.

Ein erster wichtiger Schritt in der Umsetzung einer solchen Standardisierung sollte demnach eine Analyse des Produktportfolios auf das bestehende Standardisierungspotenzial sein. Die Standardisierung umfasst einerseits die Gestaltung der Berichtswege („Wie wird berichtet?") sowie eine Harmonisierung der Berichtsinhalte („Was wird berichtet und in welcher Form?"). In Bezug auf Letzteres ist vor allem die Empfängerorientierung von hoher Bedeutung, um die übermittelten Informationen zu verdichten und eine geeignete Darstellungsform zu verwenden (vgl. *Horváth/Gleich/Seiter* 2015, S. 315 f.). Im vorliegenden Fall sollte dies insbesondere in enger Rücksprache zwischen dem Controlling-Leiter Ralf Achenbach und dem Management erfolgen. Zusätzlich sollten auch der Prozess der Informationsbeschaffung/-auswahl sowie die Generierung der Berichte („Woher kommen die Informationen und wie werden sie verarbeitet?") aufgrund umfangreicher Datenvolumen standardisiert und somit vereinfacht werden. Eine wichtige Anmerkung dazu muss allerdings lauten: Da es sich beim Portfolio der VOLLMER GmbH um teilweise sehr heterogene Produkte und Produktgruppen handelt, ist eine Standardisierung des Reportings aller Voraussicht nach nur eingeschränkt umsetzbar.

In der Fallstudie wurde das Problem der hohen Anzahl von Verschrottungen beschrieben, das sich aus den praktizierten Bestell- und Lieferprozessen ergibt.

Eine Verhandlung alternativer Lieferkonditionen ist demnach unumgänglich. Damit verbunden, im Hinblick auf Einzelbestellungen, besteht auch die Notwendigkeit der Bildung von Abnahmeverbünden mit Wettbewerbern. Diese Überarbeitung ermöglicht es, den in *Abb. 37* sichtbar steigenden Trend im Bereich der Verschrottungskosten abzuschwächen bzw. bestenfalls umzukehren.

Der technologische und organisatorische Wandel bedingt ferner eine Neudefinition der Prozesse und Verantwortlichkeiten im Rahmen der operativen Planung. Die Controller sollten vor dem Hintergrund steigender Datenvolumina im Einsatz von Business Analytics-Methoden geschult, in ihrer Rolle gestärkt und schließlich zu Business Partnern weiterentwickelt werden.

Neben den genannten Überarbeitungsvorschlägen auf ablauforganisatorischer Ebene bestehen auch Anpassungsansätze im Bereich der Aufbauorganisation. So kann das Problem der Verrechnung von Softwareentwicklungskosten über die Einführung eines Cost Centers „Digital Services" behoben werden, das Software programmiert und Schulungen für Vertriebsmitarbeiter anbietet. Auf diese Weise wird eine genaue interne Verrechnung der Leistungen ermöglicht.

Eine weitere mögliche Überarbeitung stellt außerdem die Bildung eines Projektteams mit Mitarbeitern aus Geschäftsführung, Controlling, Vertrieb, F&E und Einkauf zur Analyse und Bestandsaufnahme des aktuellen Portfolios und dessen Weiterentwicklung dar. Eine solche Analyse ist als Ausgangspunkt für weitere Optimierungen unumgänglich und sollte in jedem Fall interdisziplinär und abteilungsübergreifend erfolgen, um Verzerrungen durch Interessenkonflikte und Bereichsegoismen vorzubeugen.

Funktionell können die Probleme der nicht bestimmbaren Komplexitätskosten und der Komplexität der Lagerhaltung angegangen werden: Ralf Achenbach gibt an, dass sein Unternehmen keine Aussage dazu treffen kann, wie hoch die Komplexitätskosten seines Unternehmens, die durch die alten Produkte herbeigeführt werden, wirklich sind. Eine Ermittlung der Komplexitätskosten kann über die Bestimmung der Opportunitätskosten erfolgen, für deren Berechnung eine mehrstufige Analyse notwendig ist. In einem ersten Schritt werden dabei alle mechanischen Produkte auf ihren Modernisierungsaufwand hin untersucht. Darauf folgt eine Analyse, welche Produkte zudem von einer Modernisierung profitieren würden. Auf Basis dessen könnte dann überprüft werden, welche der nicht mehr modernisierbaren Produkte in Anbetracht der zu erwartenden Abwanderung von Altkunden abgekündigt werden können. Darauf aufbauend ist eine Prognose der dadurch entgehenden Einnahmen durchzuführen.

Eine Verringerung der Komplexität der Lagerhaltung ließe sich durch die Reduktion des vorgehaltenen Bestands pro Produkt und die Analyse des Potenzials nach möglichen Standardisierungen herbeiführen. Zudem könnte ein modernes, auf IT-gestütztes, C-Teilemanagement implementiert werden, um die Bestände näher am tatsächlichen Bedarf und in Bezug zur realen Situation auszurichten. Dass C-Teile verhältnismäßig hohe Bestände aufweisen, ist dabei normal und liegt in ihrem niedrigen Wert und ihrer niedrigen Kapitalbindung begründet (vgl. *Eßig/Hofmann/Stölzle* 2013, S. 237). Durch eine höchstmögliche Standardisierung der C-Teile ließe sich allerdings die Komplexität der Lagerhaltung deutlich senken.

Auf instrumenteller Ebene bestehen vor allem Überarbeitungsansätze für die Problematik der Kundenstruktur sowie des Einsatzes von IT: Es besteht zum einen die Möglichkeit der Erneuerung der Kundenstruktur sowie die Neukundengenerierung durch verstärkte Marketingmaßnahmen bzw. eine umfangreiche Imagekampagne. Zum anderen sollte, als Reaktion auf umfangreiche Datenvolumina, der Einsatz spezialisierter IT-Systeme erfolgen, die nach dem „Information by exception"-Prinzip organisiert sind. Zudem sind auch hier, im Hinblick auf das Berichtswesen, standardisierte Berichte als wichtiges Instrument zur Komplexitätsreduzierung zu nennen.

Verwendet werden sollte außerdem eine periodenübergreifende Lebenszykluskostenrechnung. Auch um die Kosten, die mit notwendigen Modernisierungen in späteren Lebenszyklusphasen verbunden sind, besser abbilden und verrechnen zu können. Eine solche Lebenszykluskostenrechnung bildet dabei sowohl die Entstehungs-, die Markt-, als auch die Entsorgungsphase ab. Die Entstehungsphase ist dabei vor allem mit hohen Entwicklungskosten verbunden, die die dargestellte Gesamtkostenkurve in dieser Phase begründen. Die Kosten in der Marktphase wiederum schwanken stark aufgrund der volatilen Nachfrage, fallen aber unter anderem aufgrund hoher Fixkosten und bestehender Verträge nicht unter ein bestimmtes Niveau. In der Entsorgungsphase bestehen unter anderem Kosten für die mit der Entsorgung verbundenen industriellen Dienstleistungen (Abholung und Demontage der zu entsorgenden Produkte etc.).

Ein wichtiger Ansatzpunkt auf instrumenteller Ebene wären zudem Marketingaktivitäten, die zum Ziel haben, Bestandskunden zum Wechsel von einem Altprodukt zu einem neuen Produkt zu bewegen. Dies könnte beispielsweise über Preisnachlässe oder über das Angebot kostenloser industrieller Dienstleistungen erreicht werden, die mit einem solchen Wechsel verbunden sind. Hier muss durch professionelles Kundenmanagement einer Abwanderung aufgrund der Aufkündigung von Altprodukten vorgegriffen werden.

Weiterführende Fragestellungen

Bei den umfangreichen Themen, die in dieser Fallstudie zur Sprache kamen, sind noch viele weitere Fragen zu beantworten:

- Wie kann sichergestellt werden, dass nicht zu viele Kennzahlen bereitgestellt werden und diese nicht zu detailliert sind?
- In welchem Umfang werden Früherkennungsinformationen zur Steuerung des Unternehmens genutzt?
- Welche weiteren Controlling-Instrumente sind für das Unternehmen sinnvoll und nutzenstiftend?

Hinführung

In der nachfolgenden Fallstudie zur LCD GmbH werden mehrere Aspekte angesprochen, die im Großen und Ganzen alle der Koordination des Informationsversorgungssystems zuzuordnen sind. Im vorgestellten Unternehmen sind somit klassische Controlleraufgaben zu lösen.

Zu diesen Aufgaben zählt beispielsweise die Informationsübermittlung. Dies ist notwendig, da die Informationen in Organisationen selten dort entstehen, wo sie auch benötigt und verwendet werden. Es besteht eine organisatorische, zeitliche und sachliche Lücke zwischen Informationsentstehung und Informationsverwendung. Die deshalb nötige Übermittlung von Informationen zwischen zwei Stellen ist Aufgabe des Berichtswesens oder auch Reportings. Es bedarf dazu der Definition von mehreren Eigenschaften wie dem Zweck, dem Inhalt, dem Verfasser und dem Zeitpunkt des Berichts, um ein sinnvolles und adressatengerechtes Berichtswesen zu gewährleisten. Die Berichte lassen sich zudem in Standard-, Abweichungs- und Bedarfsberichte unterscheiden (vgl. *Horváth/Gleich/Seiter* 2015, S. 311 f.).

Da viele Unternehmen heute nicht mehr solitär und unabhängig arbeiten, sondern Teil eines Konzerns sind, ist die Koordination nicht nur innerhalb des Unternehmens sondern auch zwischen verschiedenen Einheiten eines Konzerns von Nöten. Durch divisionale Strukturen herrscht in Konzernen und Unternehmen mit zunehmender Größe auch eine zunehmende Informationsasymmetrie. Dies äußert sich sehr stark beim Thema Verrechnungspreise. Einzelne Organisationseinheiten „kaufen" bzw. „verkaufen" organisationsintern Produkte und Dienstleistungen, die letztendlich alle in die Gesamtleistung einfließen. Die Abstimmung zwischen Angebot und Nachfrage soll durch Verrechnungspreise erreicht werden. Die Gesetze des Marktes sollen also auch in das Unternehmen integriert werden. Dies ist aus mikroökonomischer Sicht streng genommen suboptimal, da gerade das Fehlen von Marktgesetzen die Gründung eines Unternehmens sinnvoll erschienen ließ. Deshalb muss die Festlegung von Verrechnungspreisen sorgfältig abgewogen werden und mehr Vorteile als Nachteile haben. Heutzutage stellen diese Verrechnungspreise neben der Budgetierung und Kennzahlensystemen das zentrale Steuerungsinstrument von Bereichsmanagern dar (*Horváth/Gleich/Seiter* 2015, S. 301 f.).

Um den angesprochenen Konzern zu strukturieren, stehen auf der Makroebene mehrere Holding-Varianten zur Verfügung: Die Finanz-Holding, die lediglich einen finanziellen Führungsanspruch ausübt, die Management-Holding, die ihren Führungsanspruch bei den Gesellschaften auch auf strategischer Ebene geltend macht sowie der Stammhauskonzern, der die Tochtergesellschaften auch auf operativer Ebene beeinflusst. Eines der wichtigsten Instrumente, die das Controlling zur Ausübung des Führungsanspruchs bereitstellt, ist hierbei das Management Reporting, das je nach Holding-Variante unterschiedlich ausgestaltet werden muss.

Weiterführende Informationen in unserem Lehrbuch

- In Kapitel 4: Zum Thema Berichte und Berichtswesen (Kap. 4.6) und zum Thema Verrechnungspreise (Kap. 4.5.3.2.5).
- In Kapitel 6: Zum Konzerncontrolling (Kap. 6.4.2).

Fallstudie 6: LCD GmbH – Anpassungsnotwendigkeit im Controlling aufgrund der Übernahme in einen Konzern

LCD GmbH	
Branche	Herstellung von elektronischen Fahrgastinformationstafeln
Umsatz	ca. 32 Mio. EUR
Mitarbeiter	ca. 160 Mitarbeiter

Als im September 2008 die US-amerikanische Investmentbank Lehman Brothers Insolvenz anmelden musste, konnte sich Dr.-Ing. Jürgen Schwenker beim besten Willen nicht ausmalen, welche Auswirkungen dieses Ereignis auf sein Unternehmen haben würde. In den 1990er Jahren gründete er mit seinem Mitgesellschafter Dipl.-Kfm. Herbert Mang die LCD GmbH in München und konnte sich als erfolgreiches mittelständisches Unternehmen im Markt etablieren. Die grobe damalige Struktur des Unternehmens zeigt *Abb. 40.*

Die LCD GmbH stellte über 10 Jahre fast jede Fahrgastinformationsanzeige für deutsche Bahnhöfe und Flughäfen her. Als reiner Hersteller von LCD-Anzeigen für den Bahn- und Luftverkehr gestartet, konnte sich das Unternehmen in den folgenden Jahren zu einem Lösungsanbieter mit rund 80% Marktabdeckung

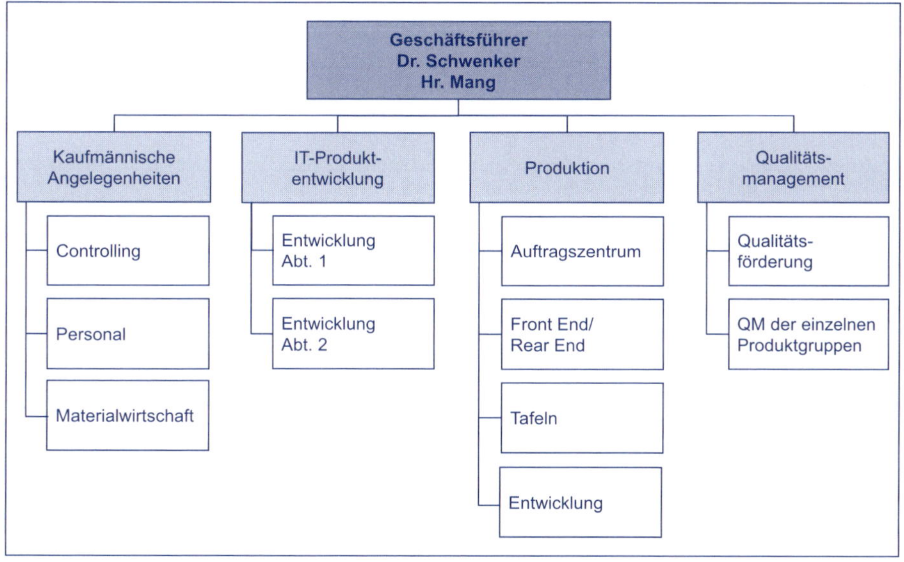

Abb. 40: Organigramm der LCD GmbH

erzielen. Von der Entwicklung über die Produktion und Softwareprogrammierung bis hin zur Montage und dem Angebot eines 24-Stunden-Wartungsservices hatte sich das Kerngeschäft stark vergrößert.

Auch aufgrund des Erfolgs in anderen EU-Ländern bezog das Unternehmen 2009 ein neues Firmengelände mit großem Grundstück mit der Möglichkeit zur weiteren Expansion. Die Entwicklung des Unternehmens war eine typische Erfolgsstory des deutschen Mittelstands: Zu den besten Zeiten zählte die LCD GmbH über 300 Mitarbeiter, die Firma richtete eigene Büros in Moskau und Paris ein, produzierte sehr hochwertige Produkte und die Verantwortlichen hatten eine eher technisch orientierte Herangehensweise an Markt, Produkt und Kunden. Dann folgte jedoch die wirtschaftliche Talfahrt, ausgelöst durch ein Ereignis auf der anderen Seite des Atlantiks.

Durch die Insolvenz der Lehman Brothers und die nachfolgende Finanzkrise, die sich zu einer weltweiten Rezession auswirkte, kam es aufgrund der Bankenrettung und geringeren Einnahmen des Fiskus' mit einer Verzögerung von etwa zwei Jahren zu hohen Einsparungen im öffentlichen Sektor und damit auch im Bereich des Nahverkehrs. Viele bereits vorverhandelte Projekte der LCD GmbH mit deutschen Gemeinden wurden zu Gunsten von anderen öffentlichen Investitionen wie zum Beispiel Kindertagesstätten oder Straßenbau in die Zukunft verschoben und führten zu massiven Einnahmeausfällen. Der jährliche Umsatz schrumpfte von 70 Mio. EUR auf 52 Mio. EUR im Jahr 2013 und weiter auf 38 Mio. EUR im Jahr 2014. In dieser Situation konnte das Unternehmen nur mit Sonderkrediten der Banken überleben, die die Verschlankung und Restrukturierung ebenso wie externe Unternehmensberater kritisch-konstruktiv begleiteten.

Trotz des Einsatzes von privatem Kapitel der Gesellschafter blieb eine Trennung von rund der Hälfte der langjährigen Mitarbeiter unumgänglich (vgl. *Abb. 41*). Als 2015 ein bereits beschlossener Großauftrag der russischen Bahn kurzfristig abgesagt wurde, regten die Banken einen M&A-Prozess unter dem Schutz eines Insolvenzfahrens in Eigenverwaltung an, um den ehemals sehr erfolgreichen Mittelständler zu retten. Zu diesem Zeitpunkt hatte sich der Umsatz verglichen mit den Boom-Jahren bereits halbiert, weshalb die aktive Suche nach einem Investor begann.

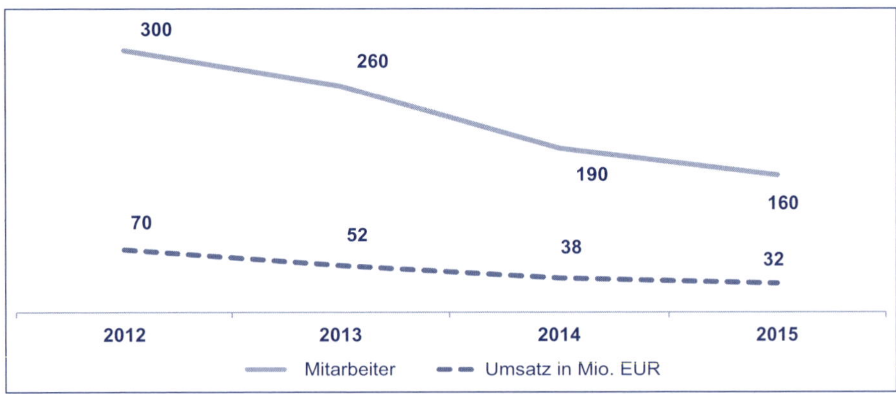

Abb. 41: Entwicklung von Umsatz und Mitarbeiterzahl vor Einstieg des Investors

„Wir haben in dieser wirklich schwierigen Situation unseren Hauptkunden gesagt: ‚Leute, bleibt bitte bei der Stange, wir finden sicher einen Investor und können dann weitermachen!'"

Herbert Mang, Mitgesellschafter der LCD GmbH

Zur großen Freude aller Beteiligten konnte Ende 2015 ein strategischer Investor gefunden werden, der einem Asset Deal zustimmte. Im Gegensatz zu einem reinen Finanzinvestor handelte es sich dabei um die Holding Travel Information Systems aus Washington, die bereits mehrere Unternehmen der Branche aufgekauft und erfolgreich saniert hat. Darunter sind auch Firmen, die bereits Kunden oder Wettbewerber der LCD GmbH waren. Die Holding will so eine moderne Fahrgastinformation in unterschiedlichen Bereichen der Personenbeförderung ermöglichen und ein sich sinnvoll ergänzendes Unternehmensportfolio schaffen.

„Die Holding ermöglichte die Rettung der Firma und übernahm das operative Geschäft. Da wir mit 160 Angestellten zum Kaufzeitpunkt die niedrigste Mitarbeiterzahl der Firmengeschichte hatten, verzichtete unser neues Mutterunternehmen glücklicherweise auf weitere Entlassungen."

Dr. Jürgen Schwenker, Mitgesellschafter der LCD GmbH

Das Firmengelände in München blieb indes im Besitz der Gesellschafter Dr. Jürgen Schwenker und Herbert Mang. Auch der Name der Firma blieb gleich, nur brachte die Rettung auch Herausforderungen mit sich, die sich jetzt unter anderem im Controlling niederschlagen. Der Jahresabschluss erfolgte bisher ausschließlich nach Handelsgesetzbuch. Nun müssen auch US-GAAP-kompatible Zahlen geliefert werden. Des Weiteren ist das SAP-basierte Reporting des Münchner Unternehmens nicht kompatibel mit dem Reporting der Holding, die mit Excel arbeitet.

„Die Umstellung des alten Reportings, das auf HGB-Basis basiert, empfinde ich jedoch auch als schwierig. Wir müssen für meine Begriffe viel zu viel Zahlen an unser Mutterunternehmen senden."

Julia Mauer, Controllerin bei der LCD GmbH

Die neu angeworbene Controllerin Julia Mauer, die aus einem international tätigen Großunternehmen nach der Unternehmensübernahme zur LCD GmbH stieß, ist mit dem US-amerikanischen Controlling schon vertraut.

Bisher wurden sehr übersichtliche Reports durch die Controllingabteilung erstellt. Nun fordert das Mutterunternehmen ein Standardreporting, das detailgenauer ist als das bisherige. Außerdem werden deutlich mehr Reports von verschiedenen Personen abgefragt. Auch die Reportingfrequenz und der -rhythmus variieren. Die Mitarbeiter sind zudem gefordert, da die englischen Begrifflichkeiten noch sehr ungewohnt sind.

Ein Beispiel für diese Unterschiede zeigt sich beim Thema Personalkosten. Bisher waren diese sehr aggregiert erfasst worden. Nach Willen der US-amerikanischen Eigner sollen sie jetzt in die vier Kostenblöcke „direct labors", „sellings", „general & administration" und „fixed overhead" gegliedert werden.

„Durch die lange Beobachtung durch Banken sind wir das detaillierte Erstellen von Budgets gewohnt. Die Amerikaner greifen jedoch bei Problemen sicher forscher ein, vermute ich. Die interessiert, welches Geschäftsfeld stark und welches schwach ist, auf Basis des Umsatzes."

Dr. Jürgen Schwenker, Mitgesellschafter der LCD GmbH

Auch beim Thema Budgetierung muss sich das Controlling auf Neuerungen einstellen: Die Umsätze werden nun deutlich genauer in die zehn Produktbereiche wie „LCD-Herstellung", „LCD-Tafel-Produktion", „Softwareentwicklung" und weitere unterteilt, die natürlich sehr unterschiedliche Deckungsbeiträge aufweisen. Bei der Budgetierung neuer Projekte ist für die Holding lediglich die „contribution margin", also der Deckungsbeitrag entscheidend: Als Ziel-Marge sind 40% vorgegeben, die bei bisherigen Projekten mal überschritten, mal unterschritten wurde.

Ein drittes Thema, das für die LCD GmbH völlig neu ist, ist die Verrechnung der Leistungen zwischen den neuen Schwesterunternehmen. Während die Holding möchte, dass jedes einzelne Unternehmen für sich das Optimum herausholt, fänden Jürgen Schwenker und Herbert Mang es jedoch besser, wenn alle zusammenhalten und als Konzern gemeinsam das Optimum erzielen würden. Die Überschreitung der Ländergrenzen stellt eine zusätzliche Erhöhung der Komplexität dar.

Da die LCD GmbH – wie bereits erwähnt – schon vor dem Zusammenschluss in der Holding Travel Information Systems die anderen Unternehmen als Kunden hatte, ist die Verrechnungspreisproblematik natürlich ein hoch relevantes Thema. Manch anderes Unternehmen verarbeitet die hergestellten Module aus München weiter, doch wie genau die Verrechnung vonstatten gehen soll, ist momentan noch unklar. Verrechnungskosten auf Verhandlungsbasis, ein 20%iger Abschlag auf den Normalpreis oder ein 10%iger Aufschlag auf die Herstellkosten – mehrere Modelle werden zurzeit heiß diskutiert. Die Geschäftsführung stellt jedoch eines klar:

„Unter Brüdern und Schwestern darf uns die Marge von oben nicht durch vorgegebene Verrechnungspreise kaputt gemacht werden! Wenn wir Waren liefern, wollen wir diese schließlich auch abrechnen. Doch da die Kalkulationsbasis unterschiedlich ist, haben wir dafür leider noch kein einheitliches Verrechnungspreisschema. Ich hoffe, dass wir uns mit dem Herstellkostenansatz plus einem 10%igen Aufschlag durchsetzen, da das Thema Gewinnverschiebung durch Verrechnungspreise beim deutschen Fiskus eine große Rolle spielt."

Herbert Mang, Mitgesellschafter der LCD GmbH

Während die Belegschaft der fremden Übernahme noch etwas skeptisch gegenüber steht, ist die Geschäftsführung gedanklich schon einen Schritt weiter: Dr. Schwenker ist froh, dass sein Unternehmen nicht Teil eines „Gemischtwarenladens" eines Finanzinvestors geworden ist. Er fragt sich, ob eine gemeinsame Ausarbeitung einer Strategie für die Schwesterunternehmen eine Stärkung des Konzerns und die Hebung von Synergien zur Folge haben könnte. Er beobachtet deshalb auch interessiert, welche weiteren Akquisitionen seine neuen Chefs aus den Vereinigten Staaten in Angriff nehmen und steht ihnen auch mit seiner Erfahrung gern zur Verfügung.

Eine Idee der LCD-Geschäftsführer ist die sogenannte „From A to B"-Strategie: Durch die Zusammenarbeit mit den anderen Unternehmen der Holding und die Kopplung der einzelnen Produkte soll sich für den Kunden eine möglichst bequeme Reise von Tür zu Tür ergeben. Egal ob Bus, Bahn oder Flugzeug – über die Produkte der Travel Information Systems-Unternehmen sollen die Reisenden immer zuverlässig informiert sein.

Lösungsvorschläge von Experten aus der Praxis

Dr. Bernd Gaiser, Geschäftsführer Unternehmensentwicklung & Finanzen der RECARO Holding GmbH, Stuttgart

Nach den heftigen Turbulenzen, denen die LCD GmbH seit Beginn der Finanzkrise 2008 ausgesetzt war, war letztlich die Übernahme durch einen strategischen Investor die beste der möglichen Optionen. Während des langwierigen Gesundschrumpfens hat die LCD GmbH sicherlich zahlreiche Wissensträger für Produktinnovations- und Marktthemen verloren, die alleine mit Finanzmitteln – ggf. von einem Finanzinvestor – nicht hätten in der notwendigen Geschwindigkeit wieder aufgebaut werden können. Ein strategisches Win-Win durch Synergien in der Gruppe des Investors ist angestrebt.

Ob die Übernahme durch das US-Unternehmen Holding Travel Information Systems (Holding TIS) genau die richtige Wahl war, lässt sich noch nicht beurteilen. Es ist anzunehmen, dass die Kostensenkungspotenziale bei der LCD GmbH über den banken- und beraterbegleiteten Leidensweg nahezu ausgeschöpft sind und daher die Gesundung über am Markt differenzierende neue Produkte und Zugänge zu neuen Märkten erfolgen muss. Eine vielversprechende alternative Konstellation wäre ein strategischer Investor aus dem asiatischen Raum, vorzugsweise China, gewesen, der selbst bereits im asiatischen Markt als Endproduktanbieter oder als wertiger Lieferant aktiv ist und gute Zugänge zum hochdynamischen Verkehrsinfrastrukturmarkt in Asien besitzt. Auch ein Joint Venture wäre in dieser Variante denkbar gewesen.

In der nun bestehenden Konstellation mit der Holding TIS muss die Geschäftsführung der LCD GmbH die Aufmerksamkeit auf Synergiepotenziale mit den branchenverwandten Schwesterunternehmen richten. Oberste Priorität hat die Optimierung des Geschäftsmodells: Ausweitung oder Einschränkung des Produktportfolios? Können in Kombination mit Produkten der Schwestern differenzierende Lösungen angeboten werden (z. B. der beschriebene „From A to B"-Ansatz)? Kann für LCD-Produkte schnell Marktzugang in attraktiven Regionen durch existierende Vertriebskanäle der Schwestern geschaffen werden? Wie müssen sich die Produkt-Roadmap und die Innovationspipeline in Kenntnis der Produktspektren und der Produktentwicklungsressourcen der Schwestern verändern? Liegt die Zukunft in abgestimmten Produktplattformen? Sind die große Fertigungstiefe und das bestehende Lieferantenportfolio der LCD GmbH weiterhin sinnvoll in Kenntnis der Fähigkeiten und der Supply-Chain-Struktur der Schwestern? Bieten die Holding TIS oder große Schwestern Shared Services an, die die LCD GmbH heute zu hohen Kosten und/oder mit minderer Qualität erbringt (z. B. Facility Management, Treasury, Personalabrechnung)? Weitere wichtige Fragen, mit denen die Weichen für den zukünftigen Erfolg gestellt werden, ließen sich problemlos ergänzen.

Mancher Leser wendet an dieser Stelle zu Recht ein, dass die bisherigen Zeilen keine direkten Antworten auf die im Case beschriebenen Controlling-Herausforderungen liefern. Es sollte damit auf eine erste Kernaussage hingeleitet werden: Der/die Controller dürfen sich in der jetzigen Phase der LCD GmbH nicht vollständig in die zweifelsfrei nach einer Übernahme existierenden Herausforderungen, wie beispielsweise Reports nach US-GAAP, Verrechnungspreise, Granularität im Erlös-Reporting etc. eingraben. Die besten Controller sollten ausreichend Zeit einsetzen, um die Veränderungen im Geschäftsmodell mit ihrer betriebswirtschaftlichen Kompetenz zu begleiten. Dazu gehören Kostenvergleiche oder Business Cases z. B. für Verlagerungen. Richtige Entscheidungen bei der Geschäftsmodellentwicklung und bei der konsequenten Implementierung, die ebenfalls Controller für das Tracking braucht, sind wichtiger für die nachhaltige Gesundung der LCD GmbH als z. B. die Geschwindigkeit bei der Harmonisierung der Kostenstellenstruktur.

Nun zu verschiedenen im Case beschriebenen Controlling-Herausforderungen:

Erstens benötigt die Holding Zahlen nach **US-GAAP**, um den Konzern insgesamt ebenso wie die neue Tochter steuern zu können und letztlich um den Konzernabschluss zu erstellen. Dieses Handlungsfeld ist ein Muss für die LCD GmbH. Es wäre weder effektiv noch effizient, das HGB-gestählte Rechnungswesen mit dieser Aufgabe alleine zu lassen. Die LCD GmbH sollte kurzfristig sowohl durch einen externen Berater als auch durch Ressourcen aus der Holding TIS unterstützt werden. Die Entsendung eines oder mehrerer Vertreter aus der Holding oder aus einer Schwestergesellschaft zur Einführung von US-GAAP hätte neben dem schnellen Projektfortschritt viele positive Nebeneffekte. Dazu gehört, dass die Holding den Geschäftsbetrieb der LCD GmbH und das bestehende Rechenwerk besser kennenlernt. Außerdem entsteht Teamspirit am besten, wenn gemeinsam herausfordernde Projektaufgaben bewältigt werden. Übrigens ist es üblich, dass der Erwerber bei einem Unternehmenskauf Beträge zur Integration in die Konzernwelt im Business Case einstellt.

Die zweite Herausforderung sind die **Systemwelten SAP und Excel**. Dass die Holding TIS mit Excel arbeitet und die LCD GmbH mit SAP ist besser, als wenn dies umgekehrt wäre. Die Holding hat die Informationsanforderungen an die LCD GmbH klar zu formulieren. Ob und ggf. welches andere System in der Holding sinnvoll wäre, hängt von der Struktur der weiteren Tochterunternehmen ab und kann folglich hier nicht beantwortet werden.

Drittens wird ein **Standard-Reporting mit höherer Detaillierung** benötigt. Die von der LCD GmbH getroffene Aussage, dass sie nicht in der von der Holding TIS gewünschten Häufigkeit und höheren Detaillierung berichten kann, ist bei den Verantwortlichen der LCD GmbH zu hinterfragen. In der Phase extremer finanzieller Anspannung, in der die Banken sogar den M&A-Prozess unter dem Schutz eines Insolvenzverfahrens anregten, haben die Geschäftsführer, Gesellschafter und die Banken sicherlich bereits ein kurz getaktetes Reporting in hoher Detaillierung gefordert und erhalten. Die Fähigkeiten und Prozesse aus dieser Phase sollten jetzt reaktiviert werden. Die von der Holding angeforderte Struktur, z. B. für das Deckungsbeitragsschema, wird eine andere sein. Auch hier ist als Maßnahme eine zumindest temporäre Entsendung eines kaufmännischen Vertreters aus der Holding oder aus einer Schwestergesellschaft anzuraten.

Besonders herausfordernd ist zudem die **Gestaltung der Verrechnungspreise**. Gerade bei der hier gegebenen Internationalität muss sich die Verrechnungspreisgestaltung an den von der Steuergesetzgebung vorgegebenen Korridor halten. Heutige Betriebsprüfungen setzen sich im Schwerpunkt damit auseinander. In der neuen „Familie“ trifft die LCD GmbH auf Schwestern, die früher Kunden und Lieferanten waren.

Die erste Orientierung sind somit die bisherigen Preise. Im Liefer- und Leistungsverbund der Gruppe darf eine üppige Belastung mit Margen in jeder Wertschöpfungsstufe nicht zu einem „aus dem Markt kalkulieren“ führen. Daher empfiehlt es sich, die zulässigen Produktkosten zu ermitteln, die unter Berücksichtigung einer Zielmarge zu einem vom Kunden akzeptierten Preis führen (Konzept Target Costing). Werden die Produktzielkosten auf die Komponenten und Teilsysteme, die Konzerngesellschaften zuzuordnen sind, verteilt, ergibt sich ein marktorientierter Verrechnungspreis. Auch Benchmarks anderer Lieferanten sind ein marktorientierter Anhaltspunkt. An Target Costs oder Benchmarks ausgerichtete Ansätze machen Unwirtschaftlichkeiten transparent und sind somit ein wichtiger Anstoß für Verbesserungen.

Der Case spricht außerdem an, dass es Defizite bei den Englischkenntnissen von Mitarbeitern in der LCD GmbH gibt. Die LCD GmbH muss diesem Umstand durch ein schnelles und effektives Trainingsprogramm begegnen. Erfahrungen zeigen, dass Sprachqualifizierung bei Mitarbeitern i. d. R. gut ankommt, da sie diese Fähigkeiten auch in ihrem privaten Umfeld nutzen können. Nicht zu unterschätzen sind die schnellen Lernfortschritte beim Doing in der Tagesarbeit. Etwas Geduld ist von der amerikanischen wie von der deutschen Führung zu erwarten. Telefonate und Meetings, die zu Beginn sehr holprig sind, gewinnen i. d. R. nach wenigen Wochen durch den Sprung ins kalte Wasser an Sprachqualität.

Weitergehend spricht der Case das Problem an, dass es bei Reports viele Ansprechpartner in der LCD GmbH gibt. Gerade in der Startphase der Zusammenarbeit sollte der Holding nicht auferlegt werden, Teilinformationen selbst zu plausibilisieren und zu harmonisieren. Es erfordert bei der LCD GmbH einen Ansprechpartner, der für den Standardreport an die Holding zuständig ist.

Dr. Michael Kieninger, Sprecher des Vorstands von Horváth & Partners Management Consultants, Stuttgart

Zu Beginn müssen die Herausforderungen an die LCD GmbH nach der Übernahme durch die Holding identifiziert werden. Diese umfassen unternehmensstrategische Aspekte und Veränderungen der Finanz- und Controllingsysteme. Überlegungen zur Lösung der Herausforderungen sollten unbedingt die überschaubare Größe der LCD GmbH berücksichtigen.

Die erste Herausforderung ist die **Konzernstrategie und Rolle der LCD GmbH innerhalb des Konzerns.** Diese und damit auch die Ausrichtung der LCD GmbH werden von der Holding vorgegeben. In diesen Rahmen muss sie sich voraussichtlich einfügen. Hierzu sollte Herr Dr. Schwenker zunächst nähere Informationen einholen, wie die Strategie der Holding in Bezug auf die verschiedenen Gesellschaften aussieht und welche strategischen Vorgaben sich daraus für die LCD GmbH ergeben. Seine eigenen Strategieüberlegungen sollte er beim Board bzw. seinen Ansprechpartnern bei der Holding ansprechen und Möglichkeiten ausloten, seine Überlegungen in den Strategieprozess der Holding einbringen zu können. Kurzfristig ist davon auszugehen, dass die aktuell gültigen Vorgaben der Holding umgesetzt werden müssen.

Die zweite Herausforderung ist die **Steuerungslogik der Holding.** Die Holding führt den Konzern nach einer für die LCD GmbH neuen Steuerungslogik (z. B. Produktbereiche, Deckungsbeiträge, Kostengliederung). Daraus ergeben sich strukturell andere Reportinganforderungen, auf die das Rechnungswesen bisher nicht vorbereitet ist. Hier sollte die LCD GmbH prüfen, in welchen Bereichen das Steuerungssystem der Holding dem bisher verwendeten LCD-System überlegen ist und ob es möglichst vollständig übernommen werden kann. Die Nutzung der damit verbundenen Optimierungspotenziale würde allerdings einen tiefergehenden Veränderungsprozess erfordern als eine alleinige Überleitung des Reportings auf das Berichtstemplate der Holding. Die Produktbereiche werden über eine Profitabilitätsvorgabe geführt. Um Fehlentscheidungen zu vermeiden, sind verursachungsgerechte Umsatz- und Kostenverrechnungen auf Produkte bzw. Produktbereiche erforderlich, um eine sichere Grundlage für die Steuerung der Produktprofitabilität sicherzustellen.

Die dritte Herausforderung stellen die **Reportinganforderungen** dar. Die Holding als Konzernmuttergesellschaft fordert von allen ihren Gesellschaften ein fest vorgegebenes Raster an Informationen. Damit lassen sich aus Sicht der Holding die verschiedenen Gesellschaften nach einheitlicher Systematik führen und ein Konzernberichtswesen aufbauen.

Für das Unternehmen bedeutet dies:

- Der Bewertungsstandard für das Reporting an die Holding ist US-GAAP, für den lokalen Abschluss muss die LCD GmbH weiterhin den HGB-Standard erfüllen. US-GAAP muss als zusätzlicher Bewertungsstandard realisiert werden.

- Die Holding strukturiert die Marktseite nach Produktbereichen, nach denen Umsätze und Kosten bis zur Deckungsbeitragsstufe zugeordnet werden müssen.
- Die zentrale Größe zur Beurteilung der Profitabilität der Produktbereiche ist der Deckungsbeitrag, sodass die LCD GmbH eine Deckungsbeitragsrechnung einführen muss.
- Aus der US-GAAP-Steuerungsphilosophie des Umsatzkostenverfahrens ergeben sich für die LCD GmbH bisher unbekannte Kostengliederungen nach Funktionsbereichen, z. B. für die Personalkosten.
- Die Anforderungen an die Detaillierung sind zumindest in Teilen höher, als sie die Rechnungswesen-Systeme bislang bereitstellen.

Konkret wird Frau Mauer zunächst mit ihren Ansprechpartnern bei der Holding prüfen, ob das Berichtstemplate vollständig zu befüllen ist oder z. B. auf Grund der Größe der LCD GmbH auf bestimmte Informationen verzichtet werden kann. Allerdings ist zu vermuten, dass die Holding einen einheitlichen Standard für alle Gesellschaften verwendet und sich die LCD GmbH auf die Bereitstellung der geforderten Informationen einstellen muss. Die von Frau Mauer empfundene schwierige Überleitung des HGB-Reporting auf das US-GAAP-Berichtstemplate dürfte darin begründet sein, dass das Buchhaltungs- sowie das Kosten- und Leistungsrechnungssystem auf eine andere Steuerungslogik mit abweichenden Steuerungsobjekten, Strukturen und Verrechnungen ausgerichtet sind. Damit stehen die Ausgangsinformationen für die Erstellung der Berichtsinformationen nicht zur Verfügung. Erforderlich ist für eine nachhaltige Lösung die Anpassung des Steuerungskonzepts in den Transaktionssystemen. Die von der LCD GmbH eingesetzte SAP-Software hat für Frau Mauer den Vorteil, nicht mit softwaretechnischen Restriktionen bei der Neukonzeption des Rechnungswesens rechnen zu müssen. Sie kann sich auf die Erarbeitung eines für das Unternehmen sinnvollen Fachkonzeptes konzentrieren, das im Standard ohne Zusatzprogrammierungen umsetzbar sein sollte.

Zur Erfüllung der US-GAAP-Vorgaben ist die Einrichtung des Bewertungsstandards im Accounting Modul von SAP zu empfehlen, um aus den Basisdaten sowohl die HGB- als auch die US-GAAP-Abschlüsse erstellen zu können. Die Erfahrung von Frau Mauer wird hierbei besonders wichtig sein, um die in Teilen andere Steuerungslogik und Begriffe in der LCD GmbH umzusetzen.

Die Produktbereiche und Deckungsbeitragsrechnung lassen sich durch das SAP-Modul „Marktsegment- und Ergebnisrechnung" aus technischer Sicht sehr gut abbilden. Die Herausforderung besteht hier insbesondere darin, die verursachungsgerechte Verrechnung der Erlöse und Kosten so zu gestalten, dass die Deckungsbeitragsrechnung zuverlässige und aussagekräftige Informationen liefern kann. Bei der Erarbeitung des Fachkonzeptes sollte frühzeitig geprüft werden, wo Vorgaben des Konzerns z. B. zur Verrechnung von Kosten auf Produktbereiche bestehen.

Grundlage für alle weiterführenden Rechnungen wie z. B. der Marktsegment- und Ergebnisrechnung ist eine entsprechend klar strukturierte und den erforderlichen Detaillierungsgrad aufweisende Kosten- und Leistungsrechnung.

Ein Beispiel ist die Anforderung, die Personalkosten nach Funktionsbereichen und evtl. detaillierter auszuweisen. Die Funktionsbereiche lassen sich mit einer geeigneten Kostenstellengliederung über Kostenstellenkonten problemlos abbilden. Müssen die Personalkosten detaillierter ausgewiesen werden, sind ggf. Anpassungen im Kontenplan und der Schnittstelle zur Gehaltsbuchhaltung erforderlich. Wenn das SAP-System die Ausgangsdaten für die Befüllung des Excel-Templates bereitstellen kann, sind für die Befüllung des Reportingtemplates keine größeren Schwierigkeiten mehr zu erwarten. Ob sich der Aufwand für eine automatische Schnittstelle SAP – Excel Template lohnt oder die Befüllung weiterhin manuell erfolgen soll, kann zusätzlich geprüft werden.

Eine weitere Herausforderung ist die **Budgetierung.** Die Strukturanforderungen an die Planwerte sind analog dem Reporting zu sehen, um einen Plan-Ist-Steuerungszyklus zu ermöglichen. Die Planungslogik verändert sich durch die Prinzipien der Steuerungslogik, und die LCD GmbH wird sich in den Planungskalender der Holding einfügen müssen. Es ist zunächst zu klären, in welcher Detaillierungstiefe der Konzern die Plandaten erwartet, die von der LCD GmbH einzuhalten ist. Ob und wo eine weitere Ausdifferenzierung der Planung sinnvoll ist, richtet sich nach den Planungszielen des Unternehmens. Die Strukturen der Planung sollten mit den bereits beim Reporting angesprochenen Strukturen übereinstimmen. Der Planungskalender muss so ausgerichtet werden, dass die Vorgaben der Holding eingehalten werden können.

Die LCD GmbH sollte einen möglichst schlanken Planungsprozess entwerfen, der zu klaren Zielwerten bei möglichst geringem Aufwand führt. Soweit möglich, sollte die Planung durch Automatisierungen (Vorschlagswerte, Hochrechnungen etc.) unterstützt werden, um den Fokus auf die Inhalte, z. B. Umsätze und Ergebnisbeiträge der Produktbereiche richten zu können.

Die letzte große Herausforderung sind die **Verrechnungspreise.** Durch Bezüge und Lieferungen an andere Konzerngesellschaften der Holding muss ein Verrechnungspreissystem aufgebaut werden, das betriebswirtschaftlichen und steuerrechtlichen Kriterien sowie den Vorgaben der Holding entspricht. Dem Unternehmen fehlen die Kompetenzen für dieses schwierige und mit steuerrechtlichen Risiken verbundene Thema. Die Problematik der Verrechnungspreise ist nicht nur aus lokaler Sicht, sondern insbesondere auch aus Konzernsicht ein wichtiges Thema. Die LCD GmbH sollte daher zunächst klären, welche Vorgaben und Richtlinien es aus dem Konzern für Verrechnungspreise gibt. Da die Verrechnungspreise für das Unternehmen ein neues Thema sind, wäre es sehr hilfreich, wenn der Konzern über entsprechende Spezialisten, z. B. zu steuerrechtlichen Fragen, verfügt und der Einsatz externer Spezialisten vermieden werden kann.

Verrechnungspreise beeinflussen das Ergebnis der einzelnen Landesgesellschaften und müssen steuerrechtlichen Anforderungen genügen. Insofern sind Richtlinien des Konzerns zu erwarten. Ob diese den Vorstellungen von Herrn Mang hinsichtlich der Margen entsprechen, muss für die Erarbeitung des Verrechnungspreiskonzepts geklärt werden. Erforderlich ist auf jeden Fall eine Konzeptionsphase, in der die jeweils anzuwendenden Verfahren und ihre Ausprägungen festgelegt werden. Auch ist zu klären, ob getrennte Verrechnungspreise für betriebswirtschaftliche und steuerliche Zwecke sinnvoll sind, was bei der Größe der LCD GmbH allerdings zweifelhaft erscheint.

Lösungsvorschlag der Autoren

- Die veränderten Rahmenbedingungen durch die Zugehörigkeit zu einer Holding haben zahlreiche Herausforderungen für das Unternehmen zur Folge, die tiefgreifende Auswirkungen auch für das Controlling haben.
- Beispielhaft dafür stehen die Fragen der Koordination, der Verrechnungspreise, des Reportings, der Budgetierung und der organisatorischen Aufstellung des Unternehmens.

Ausgangssituation

Das Unternehmen befindet sich nach einer durchgestandenen Insolvenz dank dem Aufkauf durch eine US-amerikanische Holding nun wieder im Begriff der wirtschaftlichen Erholung. Es haben sich durch die neuen Rahmenbedingungen jedoch verständlicherweise auch noch einige neue Herausforderungen ergeben.

Problemstellung

Zum einen stellt die strategische Neuausrichtung des Unternehmens und die Zusammenarbeit und Koordination mit anderen Firmen der Holding eine zentrale Herausforderung dar. Beispielhaft lässt sich in diesem Zusammenhang die Frage stellen, welche Methode für die Bestimmung der Verrechnungspreise im neuen Unternehmensverbund für das Münchner Unternehmen am Vorteilhaftesten ist. Eine weitere Problemstellung ergibt sich aus den geschilderten Schwierigkeiten beim Thema Reporting – wie kann dieses verbessert und Inkompatibilitäten abgebaut werden? Des Weiteren ist zu fragen, welche Änderungen am bestehenden Budgetierungsverfahren vorzunehmen sind. Außerdem ist zu fragen, welche strukturellen Änderungen der (Aufbau-) Organisation sinnvoll sind, um den neuen Anforderungen gerecht zu werden.

Lösungsansätze

Das neue Umfeld ist für die LCD GmbH und das Selbstverständnis von Geschäftsführung und Belegschaft mit Sicherheit ungewohnt. Das Unternehmen muss nun mit anderen Firmen kooperieren, die bisher Konkurrenten oder Kunden der LCD GmbH waren.

Aufgrund der Ähnlichkeiten der Produktportfolios und der ehemaligen Wettbewerbssituation zwischen den Tochterunternehmen könnten Maßnahmen eingeführt werden, die der Erhöhung des Zusammengehörigkeitsgefühls und damit der Verbesserung der Motivation dienen. Ein regelmäßiger Austausch von Ideen und Anregungen zwischen Mitarbeitern auf allen Unternehmensebenen im Rahmen von halbjährlichen Seminaren ist denkbar. Ein Beispiel hierfür wäre die Einführung eines „Weekly sales flash", der in wöchentlichem Rhythmus als eine Art interner Newsletter per Mail über gewonnene Projekte informiert, den Unternehmen gratuliert und so den gemeinsamen Erfolg würdigt.

Die von der Geschäftsführung der LCD GmbH angeregte „From A to B"-Strategie ist ebenfalls ein anschauliches Beispiel, wie die neue Situation positiv genutzt werden kann und zeigt abermals, dass hier keine „feindliche" sondern eine strategische Übernahme stattgefunden hat, die von der Geschäftsführung sehr gewünscht war. Die „From A to B"-Strategie bedeutet, dass Kunden vom Verlassen ihres Hauses bis zum Eintreffen am Zielort durchgehend zuverlässig durch Hardware- oder Software-Systeme der Travel Information Systems-Holding informiert werden. Dies bedingt eine enge Zusammenarbeit der ehemaligen Wettbewerber, für die zu Beginn sicher viel Überzeugungsarbeit geleistet werden muss. Diese Strategie, die mit der Entwicklung gemeinsamer Software und Apps sowie einer gemeinsamen Web-Präsenz verbunden ist, hat auch die verbesserte Sichtbarkeit durch die Ubiquität der Produkte zur Folge. Dadurch könnte die Bekanntheit der einzelnen Tochterunternehmen steigen und für den Konzern die Möglichkeit entstehen, sich eine stärkere Marktposition zu sichern.

Auch ist durch die Zugehörigkeit zu einem Konzern nun der Zugang zu neuen Märkten für die LCD GmbH möglich: Durch die Vertriebs- und Marketingkanäle der anderen Unternehmen kann beispielsweise der US-amerikanische Markt jetzt systematischer erschlossen und beliefert werden.

Ein Ansatzpunkt, der weitergehend denkbar und bei dem die Konzernzugehörigkeit sicherlich von Vorteil ist, ist das komplette Outsourcing der Informationssysteme von Seiten der Städte und Bahnunternehmen: Im vorliegenden Fall würde dies bedeuten, dass Städte, Gemeinden und Bahnen nur noch für die Dienstleistung „Information meiner Einwohner bzw. Kunden" bezahlen und die LCD GmbH sowie die anderen Tochterunternehmen für die Montage, den Betrieb sowie für die Instandhaltung und den Softwaresupport rund um die Uhr zuständig sind. Dieses Geschäftsmodell ist durch das neue Unternehmensumfeld realisierbarer geworden.

Gegebenenfalls, je nach strategischer Ausrichtung des Konzerns, sollte auch geprüft werden, ob es ratsam wäre, ein Unternehmen in den Firmenverbund zu integrieren, das Software der Zugplanung selbst programmiert. Durch eine solche Integration könnte eine weitere Stufe der Wertschöpfungskette erschlossen werden, was wiederum mit zahlreichen Handlungsperspektiven, beispielsweise in Bezug auf langfristige Kostensenkungen sowie der Kompatibilität der einzelnen Systemkomponenten, verbunden sein könnte.

Nicht nur die Frage nach der Kooperation der Tochterunternehmen ist wichtig, sondern auch die Frage nach der Koordination: Eine grundlegende Fragestellung ist, ob es besser ist, wenn jedes Tochterunternehmen versucht, sein persönliches Optimum zu erreichen oder wenn für den Konzern das beste Ergebnis erzielt wird. Dies kann insofern beantwortet werden, als dass allgemein vom Ziel des Konzerns ausgegangen werden sollte, das wiederum in mehrere Teilziele aufgespalten wird (vgl. *Horváth/Gleich/Seiter* 2015, S. 285). Ein solches Teilziel kann darauf aufbauend der LCD GmbH zugeordnet werden, mit dem Vorteil, dass das Unternehmen auf diese Weise im Zusammenspiel mit den anderen Tochterunternehmen auf das Gesamtziel des Konzerns ausgerichtet ist (vgl. *Horváth/Gleich/Seiter* 2015, S. 285).

Wie im Fallstudientext angesprochen, bereitet die Bestimmung der Verrechnungskosten der LCD GmbH noch Schwierigkeiten. In Bezug auf die Verfahren besteht zunächst die Möglichkeit der Festlegung der Verrechnungskosten auf Verhandlungsbasis. Ein Vorteil ist hierbei, dass die Tochterunternehmen, also auch die LCD GmbH, weitestgehend selbstständig Informationen austauschen und die Motivation durch die hohe Verantwortung steigt (vgl. *Ewert/Wagenhofer* 2008, S. 605). Nachteilig wiederum ist, dass der Erfolg bzw. der präzise Ausgang der Verhandlungen vom Verhandlungsgeschick der Beteiligten abhängig ist und somit kaum eine Steuerung und Kontrolle durch die Konzernspitze erfolgt (vgl. *Küpper et al.* 2013, S. 518). Dies kann dem Erreichen des unter anderem von Dr. Schwenker postulierten Konzernerfolgs („Optimum") allerdings entgegenwirken. Demnach sollte die Holding bei diesem Verfahren in jedem Fall an den Verhandlungen mitwirken, beispielsweise über eine dafür vorgesehene Organisationseinheit (vgl. *Küpper et al.* 2013, S. 519). Zudem sollte von Seiten der Konzernspitze genau geprüft werden, ob die vorhandenen Vorteile in Anbetracht der Nachteile überwiegen (vgl. *Ewert/Wagenhofer* 2008, S. 605)

Eine andere Möglichkeit der Festlegung der Verrechnungskosten besteht zum Beispiel darin, einen 20 %igen Abschlag auf den Marktpreis vorzunehmen. Dabei ist zunächst auf den Vorteil hinzuweisen, dass dieser Marktpreis, insofern er ermittelt werden kann, objektiv bestimmbar und somit kaum manipulierbar ist (vgl. *Horváth/Gleich/Seiter* 2015, S. 303). Dies gilt allerdings nur unter der Bedingung, dass die einzelnen Unternehmen keine Synergien nutzen können, was im vorliegenden Fall fraglich ist. Geklärt werden sollte auch die Frage, ob beispielsweise die betroffenen deutschen Marktpreise auf andere nationale Märkte übertragbar sind. Des Weiteren besteht die Schwierigkeit, einen nicht-willkürlich festgesetzten Prozentsatz für den Abschlag zu bestimmen.

Weiterhin ist es möglich, einen 10 %igen Aufschlag auf die Herstellkosten vorzunehmen, wie Herr Mang bereits vorgeschlagen hat. Dabei besteht definitionsgemäß der Vorteil, dass die durchschnittlich anfallenden Material- und Fertigungskosten des Produkts abgedeckt sind (vgl. *Friedl/Hofmann/Pedell* 2013, S. 74). Allerdings ist auch hier wieder die Problematik der willkürlichen Festlegung des Aufschlags gegeben. *Küpper et al.* (2013, S. 529) weisen zudem darauf hin, dass die Kostenstruktur bei weiterer Verwendung nicht korrekt ausgewiesen wird, da Kosten für innerbetrieblich bezogene Güter als Einzelkosten angesehen werden, obwohl sie selbst bereits Einzel- und Gemeinkosten enthalten.

Eine weitere Herausforderung stellen die Veränderungen im Reporting des Unternehmens dar. Ein Lösungsansatz wäre hier zum Beispiel die Einführung eines sogenannten „Themenkreises", der der schnelleren Erstellung nachfragespezifischer Ad-hoc-Berichte dient. Unumgänglich zur Anpassung an den hohen Reporting-Bedarf der Holding ist entweder die Einrichtung geeigneter IT-Schnittstellen, um Softwareübergänge kompatibel zu machen oder alternativ die Einrichtung einer konzernweit einheitlichen Software. Für das bessere Verständnis der englischen Fachbegriffe, aber auch für eine Sensibilisierung hinsichtlich US-GAAP, müssen regelmäßige Schulungen für die Mitarbeiter des Controllings angeboten werden.

Im Bereich der Budgetierung bzw. des thematisierten Vorgehens muss angemerkt werden, dass die Festlegung einer einheitlichen Zielmarge für alle neuen Projekte nicht immer sinnvoll ist. So können beispielweise im Softwarebereich höhere Margen als bei der Hardware erzielt werden. Eine einheitliche Zielmarge wird deshalb vermutlich ihre Anreizfunktion schnell verlieren. Zudem bestehen in den verschiedenen Bereichen in aller Regel unterschiedliche Fixkostenanteile. Daher müssen bereichsspezifische Zielmargen vorgeben werden, die sich an geeigneten und objektiv nachvollziehbaren Referenzwerten (z. B. an Branchenstandards) orientieren.

Da im Zuge des Sanierungsprozesses des Unternehmens die Zahl der Mitarbeiter stark zurückgegangen ist und sich das Unternehmen – wie schon beschrieben – in einer veränderten Umwelt wiederfindet, ist zudem eine Reorganisation sinnvoll. In *Abb. 42* wird ein mögliches, angepasstes Organigramm vorgestellt, das eine beispielhafte neue Struktur aufzeigt.

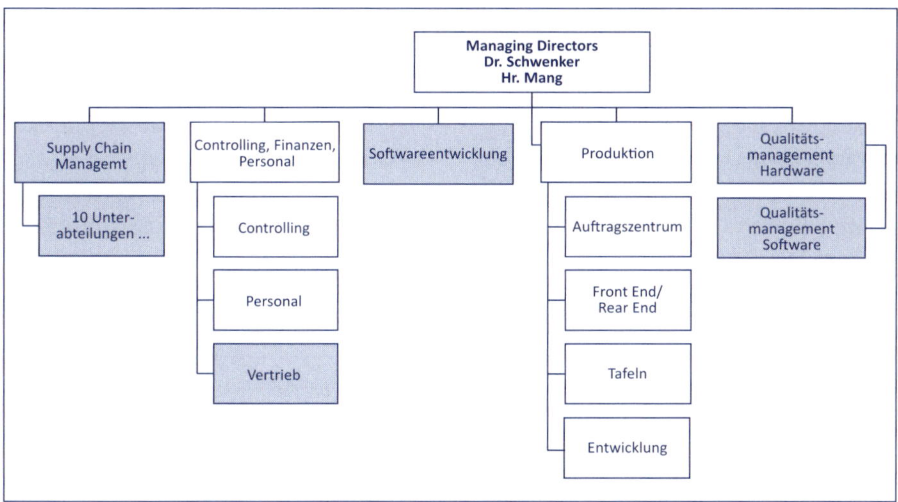

Abb. 42: Angepasstes Organigramm der LCD GmbH

Die neue Struktur wirkt deutlich übersichtlicher und konzentriert sich auf die Bereiche „Supply Chain Management", „Controlling, Finanzen und Personal", „Softwareentwicklung", „Produktion" und „Qualitätsmanagement".

Ein Vorteil dieser Form der Aufteilung ist, dass zum einen Redundanzen vermieden werden und dass zum anderen nun zusätzliche Funktionen vertreten sind, die insbesondere im Konzernkontext eine hohe Wichtigkeit innehaben (z. B. das durch die Internationalisierung und den damit vermutlich steigenden Logistikaufwand noch bedeutsamer gewordene Supply Chain Management). Das Qualitätsmanagement wurde in zwei klare Blöcke „Software" und „Hardware" gegliedert, um Doppelstrukturen zu vermeiden, klare Verantwortlichkeiten zu haben und die Effizienz des Bereichs zu erhöhen.

Auch der Bereich „Softwareentwicklung" erhält eine herausgestellte Position in der Firmenstruktur und kann dort gebündelt tätig sein, um der zunehmenden

Bedeutung von Softwarekomponenten gerecht zu werden. Die Entwicklung der Hardware-Komponenten läuft nach wie vor untergeordnet in der Sparte „Produktion". Eine weitere Anpassungsmöglichkeit, die hier grafisch noch nicht angedeutet und die auf ihre Eignung entsprechend zu prüfen ist, ist die Verschiebung der unterstützenden Funktionen (z. B. das Personalmanagement) in eine zwischengelagerte Ebene, zwischen dem Management und den anderen Funktionen. Ein Vorteil an dieser Darstellung wäre, dass durch sie die unterstützende Rolle dieser Funktionen für alle anderen Bereiche des Unternehmens besser sichtbar wird.

Weiterführende Fragestellungen

Durch die neue Situation des Unternehmens sind selbstverständlich noch viele weitere Fragestellungen denkbar:

- Ist nicht nur der Vertrieb, sondern auch die Produktion in den Ländern der Schwesterfirmen möglich und kostensparend?
- Können Teile des Controllings in die Zentrale der Holding abgegeben werden, um Doppelstrukturen zu vermeiden, ohne gleichzeitig die eigene Autonomie zu verlieren?
- Welche Finanzierungsmodelle können Kommunen angeboten werden, um auch bei finanziellen Engpässen einen Vertragsabschluss zu realisieren?

5 Koordination des IT-Systems

Hinführung

Die Digitalisierung, die in der folgenden Fallstudie im Mittelpunkt steht, beeinflusst die Unternehmenswelt momentan wie kaum ein anderes Thema und hat für nahezu jedes Unternehmen und jede Branche Auswirkungen. Die Herausforderung für die Unternehmensführung ist es, die Chancen und Risiken, die die Digitalisierung für das eigene Unternehmen birgt, frühzeitig zu erkennen. Vor allem die hohe Geschwindigkeit des digitalen Wandels ist der entscheidende Faktor.

Digitalisierung hat Einfluss auf das gesamte Geschäftsmodell. Im Sinne des Leistungsangebots eröffnen sich andere Vertriebskanäle, Marketingmöglichkeiten und neue Servicegeschäfte, was auch von neu auftauchenden Unternehmen genutzt wird, um in etablierte Märkte vorzudringen und Marktanteile zu gewinnen.

Zum anderen sind auch die Leistungserstellung in Bezug auf die Wertschöpfung und die Unternehmenssteuerung selbst von der Digitalisierung betroffen. Typische Stichworte sind „Industrie 4.0“, „Internet of Things“ und „Big Data“. Speziell letzterer steht für die Frage, welcher betriebswirtschaftliche Mehrwert mit den nun zur Verfügung stehenden Daten erschlossen werden kann.

Die Digitalisierung auf Ebene des Controllings bietet Unternehmen die Chance, alle Informationen des Unternehmens zu integrieren und dadurch eine bessere Steuerung zu realisieren. Hierdurch können bessere Entscheidungen ermöglicht werden, bspw. auf Basis von zutreffenderen Forecasts. Neben der Verbesserung der Datenqualität spielt auch die Geschwindigkeit eine Rolle. Diskutiert werden Analysen in Echtzeit bspw. im Produktionscontrolling.

In der Regel haben Unternehmen gegenwärtig die Relevanz der digitalen Transformation erkannt. Erste Pilotprojekte erfolgen in der Regel in der Produktion. Die Umsetzung im Controlling ist allerdings noch nicht weit vorangeschritten. Hier stellen sich noch grundlegende Fragen: Welche Methoden, zu welchem Zweck, auf Basis welcher neuen, digitalen Daten?

Weiterführende Informationen in unserem Lehrbuch

In Kapitel 5: Die Bedeutung der IT für das Controlling (Kap. 5.1.1) sowie das Koordinationspotenzial der IT (Kap. 5.2).

Fallstudie 7: Betz Stoßdämpfer GmbH – Die Chancen der Digitalisierung

Betz Stoßdämpfer GmbH	
Branche	Herstellung von Stoßdämpfern für die Automobilindustrie
Umsatz	ca. 150 Mio. EUR
Mitarbeiter	ca. 750 Mitarbeiter

Die Betz Stoßdämpfer GmbH wurde 1920 gegründet und ist heute ein international tätiges Unternehmen, das sich mit der Herstellung von Stoßdämpfern für die Automobilindustrie einen Namen gemacht hat. Betz-Stoßdämpfer werden mittlerweile weltweit eingesetzt und das Unternehmen wird als wichtiger Lieferant von Kunden geschätzt. Im Fokus des Managements stand und steht die Qualitätsführerschaft, was auch bereits durch mehrere Auszeichnungen von Kunden eindrücklich bewiesen werden konnte.

Das Management des Unternehmens wurde durch familienfremde Geschäftsführer übernommen, nachdem sich die Eigentümerfamilie vor einigen Jahren aus dem operativen Geschäft zunehmend zurückgezogen hat. Der Firmensitz befindet sich im Großraum Bonn.

Den größten Teil des Umsatzes erzielt das Unternehmen mit Stoßdämpfern für die Automobilindustrie. Dort werden Stoßdämpfer im Fahrwerk verbaut und dienen letztlich sowohl der Fahrdynamik als auch der Fahrsicherheit. Die aus Stoßdämpfern und Federn bestehende Verbindung der Räder mit der Karosserie gleicht Fahrbahnunebenheiten aus und erhöht dadurch zudem natürlich den Insassenkomfort.

Das Unternehmen produziert hauptsächlich zwei Arten von Stoßdämpfern: Konventionelle Hydraulikstoßdämpfer, die Vertikalschwingungen mithilfe eines Kolbens und Hydrauliköls in einem Zylinder abfedern sowie Gasdruckstoßdämpfer, die zusätzlich über ein komprimierbares Gaspolster verfügen, in welches das Hydrauliköl fließen kann. Der Einbau der Gasdruckstoßdämpfer ist mittlerweile Branchenstandard bei der Serienproduktion von Automobilen.

Bei der Produktion dieser Stoßdämpfer ist das Unternehmen seit der Jahrtausendwende Marktführer in Europa. Das Unternehmen konnte in den vergangenen Jahren insgesamt einen starken Aufschwung verzeichnen und zwei große Produktionsstandorte in China und in den USA eröffnen. Vertriebsgesellschaften für die Produkte existieren in rund einem Dutzend Ländern weltweit.

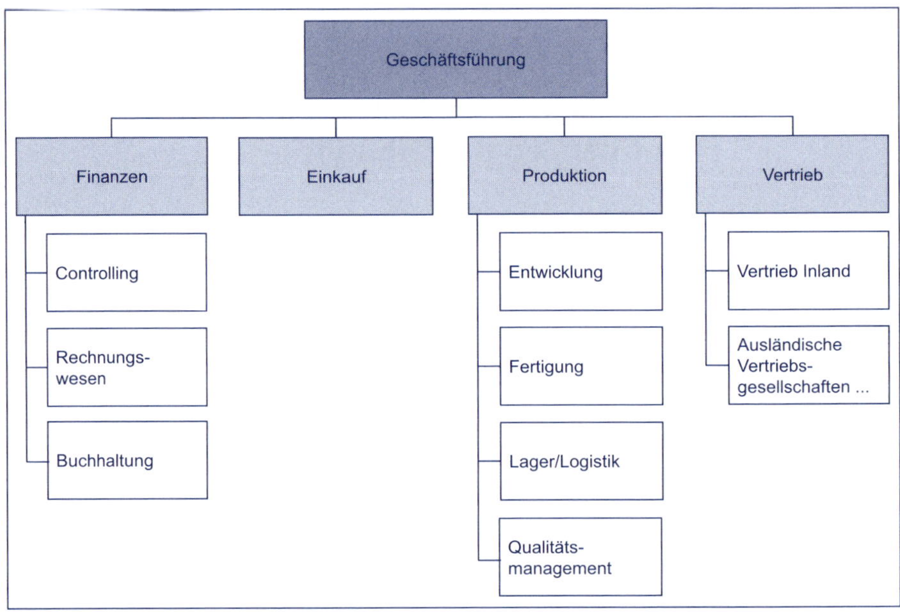

Abb. 43: Organigramm der Betz Stoßdämpfer GmbH

Herr Dr. Otto Kurz, der Geschäftsführer der Betz Stoßdämpfer GmbH, ist promovierter Ingenieur und MBA-Absolvent einer britischen Business School. Aufgrund seiner interdisziplinären Ausbildung hat er den Anspruch, das Geschäftsmodell ganzheitlich zu betrachten. Daher arbeitet er seit einigen Monaten an einer Agenda zum Thema „Digitalisierung". Anlass ist seine Beobachtung, dass andere mittelständische Unternehmen die Relevanz des Digitalen Wandels zwar erkannt haben, aber doch eine gewisse Orientierungslosigkeit herrscht.

„Über Digitalisierung wird im Allgemeinen viel zu generisch gesprochen. Sobald es konkret wird, sind es immer wieder die gleichen Ansätze, zu denen ich aber selten tatsächliche Umsetzungen sehe."

Dr. Otto Kurz, Geschäftsführer der Betz Stoßdämpfer GmbH

Nach seiner Ansicht sind zu viele andere Unternehmen dabei, die revolutionäre Umwälzung zu verpassen, da sie der Meinung sind, Digitalisierung beträfe sie nicht. Er selbst sieht die Digitalisierung mehr als Chance denn als Risiko.

Als ehemaliger Leiter der Controllingabteilung ist es sein erklärtes Ziel, dass nicht nur in der Produktion die Digitalisierung vorangetrieben wird. Auch das Controlling soll modernisiert und die neu anfallende Masse an Daten sinnvoll genutzt werden.

Die Schwierigkeit besteht für ihn darin, das konservative Controlling mit den neu generierten Daten aus Sensoren zusammenzubringen und Wichtiges von Unwichtigem zu trennen. Dabei muss der Controller dafür Sorge tragen, dass ein Information Overload vermieden wird.

Der jetzige Leiter der Controllingabteilung, Lukas Meyer, steht den Plänen seines Geschäftsführers skeptisch gegenüber. In der letzten Besprechung mit seinen Kollegen äußerte er seine Kritik auch laut.

„Ich verstehe immer noch nicht, wie die Digitalisierung uns helfen soll. Wir haben bereits jetzt ein gut aufgestelltes Controlling und werten sehr viele Daten aus, die uns der Vertrieb und die Produktion liefern. Für mich ist ‚Digitalisierung' des Controllings nur eine Worthülse."

Lukas Meyer, Controllingleiter der Betz Stoßdämpfer GmbH

Die Geschäftsführung kann diese Kritik jedoch nicht nachvollziehen und strebt direkt den „großen Wurf" an: Man möchte idealerweise ein System, in dem zu jedem Moment in Echtzeit z. B. die Auslastung jeder Maschine und die Deckungsbeiträge der einzelnen Werke einsehbar sind und jeder Interessensgruppe die interessierenden Informationen zur Verfügung gestellt werden.

„Es werden schon jetzt sehr viele Daten unsystematisch gesammelt und nicht ausgewertet. Die zunehmende Digitalisierung der Produktion liefert uns die Chance, bisher sehr aufwändig zu erstellende Berechnungen im Controlling zu vereinfachen."

Dr. Otto Kurz, Geschäftsführer der Betz Stoßdämpfer GmbH

So sind beispielsweise die bei der Produktion der Betz-Stoßdämpfer eingesetzten Maschinen schon heute digital vernetzt. Die Erzeugung der Daten ist laut dem Fertigungsleiter des Unternehmens nicht das Problem. Von jeder Maschine werden stunden- und schichtgenau die Maschinentakte und detaillierte Stückzahlen erfasst, die allein aber noch keine Aussage ermöglichen. Aber auch Qualitätsdaten wie beispielsweise die Menge an anfallendem Ausschuss für jeden Mitarbeiter und Prozessschritt durch das Computer Aided Quality (CAQ)-System werden einzeln registriert und in einer Datenbank gespeichert. Dieses CAQ-System ist unternehmensweit einheitlich und gruppenübergreifend vernetzt, um die Null-Fehler-Philosophie, die auch im Leitbild des Unternehmens verankert ist, zu erfüllen.

Viel größere Schwierigkeiten bereitet die Verarbeitung und Analyse der Daten, um Verrechnungen der Produktionskosten so korrekt wie nötig, aber mit so wenig Aufwand wie möglich vorzunehmen. Da dies nicht für alle 1800 angebotenen Produktvarianten möglich ist, wünscht sich der Geschäftsführer in bestimmten zeitlichen Intervallen eine genaue Kostenanalyse für etwa 20 repräsentative Produkte, die dann als Referenz herangezogen werden können.

Einen Grund für diesen Wunsch des Geschäftsführers liefern die Kunden des Unternehmens: In den vergangenen Jahren beobachtet Dr. Kurz – trotz der bisher wirtschaftlich sehr positiven Entwicklung – einen immer stärker werdenden Kostendruck. Dazu kommt die kundenseitige Forderung nach mehr

Transparenz in den Prozessen. Der Kunde verlangt maximale Transparenz, um die Kostenstrukturen analysieren zu können.

„Unsere Kunden selbst können die Produkte mit einer großen Marge am Markt absetzen. Wir spüren aber einen zunehmenden Kostendruck und die Forderung, alles für den Kunden transparent zu machen."

Dr. Otto Kurz, Geschäftsführer der Betz Stoßdämpfer GmbH

Sogenannte Cost Engineers des First Tier-Lieferanten oder sogar Vertreter des OEMs analysieren die Betz Stoßdämpfer GmbH regelmäßig hinsichtlich Produktionsprozessen und Kostenstruktur. Im Rahmen eines solchen kundenseitigen Cost Audits wurde von den Cost Engineers des Kunden in der Vergangenheit zum Beispiel eine Umstellung der Stundensatzrechnung durchgesetzt.

Es bestehen nach Ansicht von Dr. Kurz gerade in dieser Angelegenheit durch die Digitalisierung große Chancen für die Betz Stoßdämpfer GmbH, die vor den unternehmensexternen Analysten erkannt und genutzt werden sollten.

„Wir müssen unseren Kunden diesbezüglich immer eine Nasenlänge voraus sein. Vielleicht können wir so unsere im Vergleich mit den Kunden geringere Manpower durch die sinnvolle Nutzung von digitalen Daten ausgleichen."

Dr. Otto Kurz, Geschäftsführer der Betz Stoßdämpfer GmbH

Bei der Betz Stoßdämpfer GmbH zeigt sich somit ein in der Unternehmenspraxis typisches Szenario: Die Relevanz der Digitalisierung ist erkannt und es existieren erste, teils umfangreiche Pilotprojekte. Zum anderen hat die Geschäftsführung eine sehr anspruchsvolle Vision formuliert, was das Controlling Zusätzliches leisten soll – allerdings ohne eine tiefergehende Analyse der Machbarkeit dieser Vision.

Getrieben wird der Wunsch nach Veränderung einerseits aus der Erkenntnis, dass die Digitalisierung einen Mehrwert liefern kann – aber andererseits auch durch den Wunsch, den in der Automobilindustrie herrschenden Kostendruck besser bewältigen zu können. Das Controlling steht hierbei vor der zentralen Frage, ob und inwieweit es sich auf neue Methoden, Datenquellen, Datenarten und Prozesse einstellen kann.

Lösungsvorschläge von Experten aus der Praxis

Werner Stegmüller, Group Chief Operating Officer der Unternehmensgruppe Theo Müller S.e.c.s., Luxembourg

Viele Unternehmen haben die Relevanz der Digitalisierung erkannt – im Hinblick auf konkrete Umsetzungsprojekte herrscht jedoch eine gewisse Orientierungslosigkeit, was sich darin zeigt, dass konkrete Umsetzungsprojekte bisher eher die Ausnahme sind. Insbesondere im Bereich Controlling wird die Digitalisierung heute noch eher als Worthülse gesehen, da das Controlling traditionell schon gewohnt war, mit großen Datenmengen umzugehen. Große Diskrepanz zwischen den visionären Vorstellungen der Geschäftsleitung hinsichtlich der Chancen, welche die Digitalisierung bietet einerseits, und andererseits den mangelhaften Vorstellungen der einzelnen Fachabteilungen (z. B. Controlling, Produktion), wie die Visionen in konkrete Maßnahmen und Projekte umgesetzt werden können.

Um diesen Herausforderungen wirkungsvoll zu begegnen, muss die Relevanz der Digitalisierung für das Unternehmen an konkreten, überschaubaren Pilotprojekten für die Organisation greifbar bzw. begreifbar gemacht werden. Dazu dient die **Festlegung kleiner und überschaubarer Pilotprojekte für einzelne Funktionsbereiche**. Diese Pilotprojekte sollten interne als auch externe Daten benötigen, um auch den Umgang mit externen Daten zu üben. Der Umgang mit externen Daten ist sehr wichtig, da diese i. d. R. in großen Mengen und unstrukturierter Form vorliegen – dies ermöglicht es dem Unternehmen, Erfahrungen zu sammeln, wie zwischen relevanten von weniger relevanten Informationen unterschieden werden kann.

Ein Pilotprojekt, welches sich für den Bereich Controlling idealtypisch anbietet, ist das Thema Forecasting. Aufgrund seiner Komplexität und der Schwierigkeit, zukünftige Entwicklungen vorhersagen zu können, ist der Forecastprozess in vielen Unternehmen einerseits ein sehr aufwandsintensiver Prozess und andererseits steht der in den unterschiedlichen Unternehmensfunktionen (Vertrieb, Produktion, Controlling) verursachte Aufwand in der Regel in keinem vernünftigen Verhältnis zum erzielten Ergebnis. Unpräzise Forecasts und darauf aufbauende Planungen führen in den Unternehmen zu Fehlallokationen von Ressourcen und verursachen dadurch erhebliche Folgekosten.

Die heutigen Ineffizienzen im Forecast- und Planungsprozess sind der Organisation bewusst und somit ist der Nutzen eines solchen Digitalisierungsprojekts der Organisation sicherlich sehr einfach vermittelbar. So können nämlich präzisere Vorhersagen als traditionelle Forecasts, ohne den menschlichen Bias, mit einem geringeren Aufwand in der Erstellung und mit einer wesentlich schnelleren Verfügbarkeit als bei traditionellen Forecasts generiert werden.

Für **Digital Forecasts** werden unternehmensinterne und externe Daten verwendet. Die wesentlich unternehmensinternen Daten, die im Rahmen des digitalen Forecasts Verwendung finden, sind Daten aus Kundenportalen, aus CRM- und Business Intelligence- sowie Planungssystemen. Relevant sind zudem externe Daten z. B. von Kunden, Lieferanten und Wettbewerbern sowie Marktprognosen.

Die zentrale Komponente der digitalen Forecasts ist das Rechenmodell, das in der Regel aufgrund der schlechten Datenqualität und Komplexität der Prognosen aus mehreren Komponenten bestehen, wie zum Beispiel aus:

- Programmen zur Verbesserung der Datenqualität,
- Algorithmen zur Berechnung von Prognosen und
- Programmen zur Kollaboration verschiedener Algorithmen.

Da die Annäherung an das Thema Digitalisierung sehr häufig mit gewissen Unsicherheiten verbunden ist, ist es von hoher Bedeutung, dass sehr schnell erste Ergebnisse erzielt werden. Die Projektarbeit sollte daher in einem kleinen, schlagkräftigen Team mit den notwendigen Fachkompetenzen aus den Bereichen Sales und Controlling erfolgen, um eine agile Projektarbeit zu fördern. Regelmäßige Präsentationen von Zwischenergebnissen an die Stakeholder, die insbesondere auf die Vorteile einer „Big Data-Anwendung" abzielen, sind erforderlich.

Nachdem erste positive Erfahrungen im Unternehmen mit kleinen und konkreten Digitalisierungsprojekten gesammelt werden konnten, ist es zwingend erforderlich, die **Digitalisierung in einem zweiten Schritt in den Kontext der strategischen Entwicklung des Unternehmens** zu stellen. Das Unternehmen muss begreifen, dass die Digitalisierung mehr ist als die bloße Digitalisierung einzelner Funktionen. Digitalisierung kann nur dann erfolgreich sein, wenn „Digitale Transformation" als Gesamtaufgabe des Unternehmens begriffen wird. Diese Aufgabe beginnt bei der Entwicklung neuer Geschäftsmodelle sowie Wertschöpfungsketten.

Bei der **Geschäftsmodellentwicklung** muss zunächst hinterfragt werden, ob das heutige Geschäftsmodell durch „digitale" Geschäftsmodelle gefährdet oder gar substituiert werden kann. Darüber hinaus sind Möglichkeiten zu identifizieren, welche digitalen Geschäftsmodelle für das eigene Unternehmen entwickelbar sind, d.h. aus den vorhandenen Risiken Chancen zu entwickeln.

Eine ähnliche Vorgehensweise ist für die **Betrachtung der innerbetrieblichen Wertschöpfungskette** vorzunehmen. Auch hier sind die Chancen und Risiken der Digitalisierung pro Wertschöpfungsstufe zu evaluieren. Für die Betrachtung der Geschäftsmodelle als auch der Wertschöpfungskette ist es sehr hilfreich, detailliert die Aktivitäten der direkten Wettbewerber zu betrachten, aber auch Überlegungen anzustellen, welche neuen Wettbewerber durch die Digitalisierung entstehen können (z.B. Firmen wie Uber oder Airbnb). Hierbei ist zu berücksichtigen, dass digitale Geschäftsmodelle oft ganz andere Organisationsstrukturen benötigen als das traditionelle Business. Um Potenziale im Rahmen der Digitalen Transformation eines Unternehmens heben zu können, müssen ausgetrampelte Pfade verlassen werden. Dies ist in der Regel in traditionellen Organisationsstrukturen nicht möglich. Hierbei können beispielsweise durch das Unternehmen selbst initiierte Start-ups eine wertvolle Rolle spielen.

Zusammenfassend lässt sich sagen, dass sich in der Praxis der oben beschriebene Zwei-Stufen-Ansatz bewährt hat, der in einem ersten Schritt der Organisation durch kleine und überschaubare Projekte zunächst ein Gefühl vermittelt, was Digitalisierung bedeutet (siehe hierzu das oben erwähnte Beispiel des Digital Forecasting). Der zweite und zugegebenermaßen wichtigere Schritt ist, die „Digitale Transformation des gesamten Unternehmens" einzuleiten.

Sandra Kißler, Head of Controlling Business Division Lighting der HELLA KGaA Hueck & Co., Lippstadt

Unter dem Leitfaden „Visionäre Geschäftsführung trifft auf konservatives Controlling" offenbaren sich in diesem Fall diverse Themen, bei denen fehlende Kommunikation und Abstimmung zwischen den beiden Parteien herrscht: Es herrscht Uneinigkeit über Vorteile zur Nutzung von bestehenden Daten, die Anwendungsfelder und deren Nutzen sind nicht klar formuliert – was und warum sollen Daten ausgewertet werden? Zudem fehlt eine Priorisierung der möglichen Anwendungsfelder. Der heutige Status des Controllings und dessen Problemfelder sind nicht identifiziert und kommuniziert – „es werden doch schon sehr viele Daten ausgewertet" – „Controlling-Berechnungen sind aufwändig" – „es werden jetzt schon viele Daten gesammelt, die nicht genutzt werden".

Weiterhin fehlt die Einbeziehung der weiteren Mitglieder der Geschäftsführung, denn die Daten, welche erhoben und ausgewertet werden, müssen ja auch zu Aktionen im Bereich der Technik, des Einkaufs und des Vertriebs führen. Die Digitalisierung soll deshalb eine Art „Wunderwaffe" werden, um multiple Probleme gleichzeitig zu lösen (interne Kostentransparenz, externe Kostentransparenz, Schnelligkeit, fehlende Manpower etc.).

Im Wesentlichen muss eine gemeinsame Zielbildung und Priorisierung zum Thema Datennutzung getroffen werden. Dazu sind die folgenden Schritte notwendig:

Erstens muss eine **klare Formulierung der Zielsetzung der Geschäftsführung** erfolgen. Die Zielsetzung umfasst Echtzeit-Analysen zur Auslastung je Maschine und zu den Deckungsbeiträgen der einzelnen Werke sowie Echtzeit-Information an „Interessierte". Es muss eine Transparenz über korrekte Produktionskosten mit so wenig Aufwand wie möglich hergestellt werden, z. B. mit Hilfe einer Kalkulation von 20 Referenzprodukten (aus 1800) zum Aufzeigen der Prozesskosten und Herstellkosten. Weitere Ziele sind die volle Transparenz, welche auch von den Kostenanalysten der Kunden nicht übertroffen wird, Nutzung aller vorhandenen Daten zur Prozessoptimierung und volle Transparenz zum Entgegenwirken des Kostendrucks.

Zweitens muss eine **Prüfung der Voraussetzungen und Identifizierung des Nutzens vs. dieser Zielsetzung** stattfinden. Es müssen mehrere Themenblöcke klar diskutiert und offengelegt sowie Transparenz geschaffen werden über schon vorhandene Daten, z. B.

- je Maschine stunden- und schichtgenau erfasste Maschinentakte,
- je Maschine genau erfasste Stückzahlen,
- die Menge an anfallendem Ausschuss für jeden Mitarbeiter und
- die Menge an anfallendem Ausschuss je Prozessschritt.

Weiterhin müssen die heutigen Ineffizienzen im Prozess klar herausgestellt werden. Controlling-Auswertungen sind abhängig von Datenlieferungen aus

Vertrieb und Produktion und sehr aufwändig. Es werden viele Daten ausgewertet, aber Transparenz besteht trotzdem nicht aufgrund fehlender Priorisierung der Wichtigkeit und gleichzeitig fehlender Manpower im Controlling.

Die Chancen der Datenverarbeitung und damit die Antworten auf diese Ineffizienzen müssen herausgearbeitet werden. Zu den Chancen zählt sicherlich eine höhere Objektivität. Die Daten werden nicht mehr von Vertrieb und Produktion geliefert und können auch nicht manipuliert werden. Auch die Echtzeit bestimmter Informationen und die wenig aufwändige Datenermittlung und der Informationsaustausch zwischen verschiedenen Funktionen sind eine Chance der Datenverarbeitung. Durch weniger manuelle Dateneingaben können Datenmengen schneller und fehlerfreier verarbeitet werden – es kommt also zu einer Automatisierung. Durch diese Chancen können Mitarbeiter mehr Zeit auf die Analyse und Reaktion auf analysierte Daten verwenden.

Final ist dann noch eine gemeinsame Einschätzung zu den unten genannten Fragestellungen zu treffen, bevor man sich mit neuen Reports, der Auswertung von Daten und „interessanten Informationen" beschäftigt:

- Aufwand versus Nutzen – Was bewirkt der Report und wie viel Aufwand sollte betrieben werden?
- Wer nutzt die Informationen zu was?
- Sind die Nutzer der Information abgeholt und stehen hinter dem Reporting?
- Information to the point – Overload versus needed information?
- Reporting für Interessierte versus aktionsbezogenes Reporting?
- Einmal-Aufwand versus Prozessverbesserung?
- Wie sieht es mit dem Einbeziehen und Commitment von Stakeholdern aus?

Hat man die genannten Punkte klar beantwortet und eine gemeinsame Einschätzung von Controlling und Geschäftsführung erwirkt, kann man in einer faktenbasierten Diskussion die Zeitschiene und den Priorisierungsprozess angehen: Die Themen mit dem größten Impact und der kurzfristigsten Umsetzung sollen am höchsten priorisiert werden.

Das Auslesen der vorhandenen Daten in Produktion und Qualität zur kurzfristigen Produktionssteuerung verspricht kurzfristige Erkenntnisse zur Kostensenkung und ist schnell auswertbar. Das Auslesen und Analysieren von Maschinentakten, Gutteile-Produktion und Ausschussproduktion ermöglicht eine Steuerung in Echtzeit für die Leitung Produktion. Hier kann „auf Knopfdruck" in festgelegten Intervallen eine Übersicht von Auslastung, OEE, Personaleffizienz, Ausschuss und Gutteileproduktion erstellt werden. Eine Momentaufnahme zum Ende jeder Schicht ermöglicht es, die Arbeitsergebnisse der Schicht zu analysieren, eventuelle Problempunkte frühzeitig zu identifizieren und entsprechend gegenzulenken, um den Kosten-Impact zu minimieren. Ein regelmäßiges Reporting (täglich, wöchentlich) kann dann schnell eine Übersicht der Leistungsfähigkeit der Produktion erteilen. Wichtig ist es, mit den Stakeholdern herauszufinden, wie häufig ein Update Sinn macht und zu welchem Zweck – beispielsweise sollte täglich ein Reporting für die Produktionssteuerung zur Verfügung stehen, wöchentlich bis monatlich für die Geschäftsführung zur Information. Weiterhin ist der Vorteil der Objektivität, Echtzeit, Automatisierung und Schnelligkeit hervorzuheben. Da diese Daten vorhanden und mit einem geringen, einmaligen Aufwand wahrscheinlich analysierbar sind, wäre hier Priorität 1 zur Umsetzung anzunehmen.

Ein weiterer wichtiger Punkt ist das Auslesen der vorhandenen Daten in Produktion und Qualität zur Verbesserung der Transparenz in den Prozessschritten: Durch die Messung der Daten in den verschiedenen Prozessschritten, kann mit wenig Aufwand ein Benchmarking der verschiedenen Produkte untereinander stattfinden, um so Erkenntnisse über Verbesserungspotenziale im Prozess zu finden. Dies verbessert die Transparenz und kann kurz- bis mittelfristige Aktionen triggern. Um dies aufzubauen, ist sicherlich ein größerer Aufwand im Controlling notwendig, daher ist hier Priorität 2 anzunehmen.

Auch das Auslesen der vorhandenen Daten in Produktion und Qualität zur besseren Zuordnung der Kosten zur Deckungsbeitragsrechnung je Produkt gehört dazu: Durch Einführen eines Standard-Kosten-Ansatzes im Controlling und dem Auswerten von Abweichungen zu diesen Standards ist es ebenso „auf Knopfdruck" bzw. in regelmäßigen Intervallen möglich, die echten Deckungsbeiträge der Produkte zu ermitteln. Dazu sind Standard-Maschinenzeiten je Produkt, Standard-Ausschuss-Mengen, Auslastungsmengen, Personal-/Materialeinsatz, Stundensätze als Standard zu definieren. Durch das Auslesen von vorhandenen Daten können die Deltas zu den Standards ermittelt werden. Eine verursachungsgerechte Zuordnung der Abweichungen führt dann dazu, dass das komplette Portfolio relativ unkompliziert auswertbar ist. Dies verbessert die Transparenz und kann zu verbesserten Erkenntnissen über die einzelnen Projekte führen, die eine mittelfristige Steuerung ermöglichen. Allerdings wird dies zu keinem kurzfristigen Kosten-Impact führen. Um dieses Controllingsystem aufzubauen, ist sicherlich ein größerer Aufwand im Controlling notwendig. Ein Projektteam zur Umsetzung dieses Kalkulationssystems mit klarem Zieltermin in der Mittelfrist sollte aufgesetzt werden.

Die Identifikation weiterer nutzbarer Daten und die Abstimmung zur Nutzung sollte analog der oben genannten Schritte erfolgen.

Lösungsvorschlag der Autoren

- Zur Lösung des Problems muss untersucht werden, ob und inwieweit neue Methoden, Datentypen und Prozesse zur Modernisierung des Controllings herangezogen werden können.
- Betroffen davon sind u. a. die Themen Abweichungsanalysen, Qualitätssicherung und Wertschöpfungssteuerung.
- Die Verfügbarkeit modernster IT- und ERP-Systeme muss garantiert sein.

Ausgangssituation

In dieser Fallstudie wird die Ausgangslage eines Unternehmens der Automobilzulieferindustrie dargestellt. Der Controllingleiter und der Geschäftsführer vertreten, vor dem Hintergrund der Digitalisierung der Produktion, konträre Positionen in Bezug auf die Einführung moderner datengestützter Methoden und Instrumente zur Unterstützung des Controllings.

Problemstellung

Die zugrunde liegende Ausgangsfrage, ob das Controlling neue Methoden, Datentypen und Prozesse nutzen sollte, muss dahingehend bejaht werden, als dass dies vor dem Hintergrund von Big Data und den Qualitätsansprüchen des Unternehmens eine zwingende Notwendigkeit darstellt. Welche Informationen sind relevant bzw. welche Informationen muss der Controller dem Manager bereitstellen?

Lösungsansätze

Die Betz Stoßdämpfer GmbH erhält aufgrund der Digitalisierung heutzutage große Mengen an Daten – im geschilderten Fall liegt der Fokus auf neuen Daten aus Sensoren. Es ist die Aufgabe des Controllers, zu entscheiden, welche Informationen dem Management um Dr. Otto Kurz bereitgestellt werden müssen (vgl. *Horváth/Gleich/Seiter* 2015, S. 346).

Lösungsansätze bestehen demnach vor allem in den Bereichen des „Rechnungswesens“, der „Planung und Kontrolle“, der „Prozess-“ sowie der „Wertschöpfungssteuerung“ (vgl. *Horváth/Gleich/Seiter* 2015, S. 338). Die genannten vier Bereiche werden in *Abb. 44* aus Übersichtlichkeitsgründen nochmals dargestellt und im Folgenden einzeln besprochen.

Die Betz Stoßdämpfer GmbH gilt mit ca. 750 Mitarbeitern zwar nicht als mittelständisches Unternehmen, doch trotzdem stellt die steigende Zahl zu verarbeitender Daten, die als wertvolle Arbeitsgrundlage des Controllings dienen, eine signifikante zeitliche Belastung vor dem Hintergrund begrenzter personeller Ressourcen dar. Moderne Finanzbuchhaltungssysteme können dabei das betroffene Personal bei Routineaufgaben entlasten. Durch die bessere Erfassung der Materialströme können so bspw. auch Kosten des Ausschusses verursachungsgerecht in den Materialkosten erfasst werden (vgl. *Horváth/Gleich/Seiter 2015*, S. 338). Eine wichtige Rolle spielen dabei, in Bezug auf die vom Geschäfts-

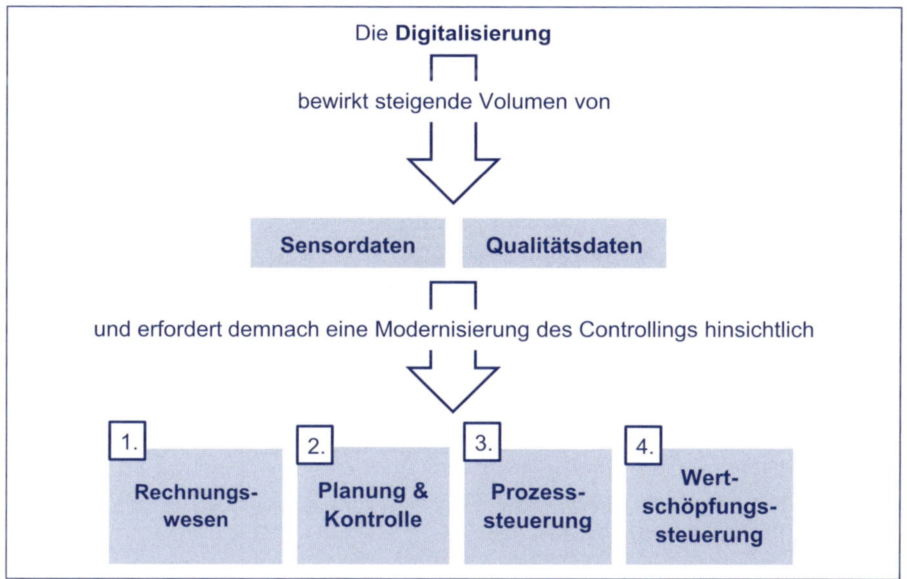

Abb. 44: Modernisierung des Controllings der Betz Stoßdämpfer GmbH (in Anlehnung an Horváth/Gleich/Seiter 2015, S. 338 ff.)

führer thematisierte Kostenanalyse, integrierte Softwaremodule zur Durchführung der Kostenarten-, Kostenstellen- und Kostenträgerrechnung (vgl. *Horváth/Gleich/Seiter* 2015, S. 339).

Im Bereich der Planung und Kontrolle können durch den Einsatz moderner, informationstechnologisch-unterstützter Analyse- und Simulationsmethoden beispielsweise alternative Verfahren in der Produktion der Stoßdämpfer, beispielsweise über die Substitution bestimmter Materialien mit dem Ziel der Kostensenkung, simuliert werden. Bedingung hierfür ist eine Vernetzung der jeweiligen Systeme untereinander und mittels einer Serverlösung. Diese Bedingung ist bereits durch das CAQ-System der Betz Stoßdämpfer GmbH erfüllt (vgl. *Horváth/Gleich/Seiter* 2015, S. 340).

Für die von Kundenseite geforderte Transparenz ist es zudem wichtig, dass über moderne IT-Infrastruktur zeitnah berichtet werden kann, bspw. wenn es zu nicht planmäßigen Kostenabweichungen kommt. Aufgrund der mit Big Data verbundenen Informationsüberflutung sollten in diesem Zusammenhang Ausnahme- bzw. Abweichungsberichtssysteme verwendet werden. Das zugrunde liegende Prinzip hierbei lautet „Information by exception", da nur dann ein Bericht erfolgt, wenn Planabweichungen auftreten, die über einem definierten Wert liegen; beispielsweise im Bereich des Ausschusses unter den fabrizierten Stoßdämpfern (vgl. *Horváth/Gleich/Seiter* 2015, S. 312, 340 f.). Dieses Prinzip wird in *Abb. 45* an einem Beispiel veranschaulicht.

Wichtig sind moderne IT-Systeme und -Methoden insbesondere in unternehmensübergreifenden Wertschöpfungsketten wie der Automobilindustrie, da sie die Durchführung von Prognosen, die Simulation verschiedener Szenarien

	Ausschuss an produzierten Kolbenstangen		Delta △	Definiertes max. Delta	Berichterstellung ja/nein?
	Plan	Ist			
16.01 10:00 Uhr	1,0%	2,2 %	1,2 %	0,5%	ja
16.01 12:00 Uhr	1,0%	1,5%	0,5%	0,5%	nein
16.01 14:00 Uhr	1,0%	1,1%	0,1%	0,5%	nein

Abb. 45: Abweichungsberichtssystem (beispielhafte und vereinfachte Darstellung)

und die Möglichkeit zur Früherkennung von Planabweichungen ermöglichen (vgl. *Horváth/Gleich/Seiter* 2015, S. 346).

Der Qualitätsorientierung des Unternehmens kann im Bereich der Prozesssteuerung durch den Einsatz IT-gestützter Workflowmanagementsysteme entsprochen werden. Diese ermöglichen es, Geschäftsprozesse transparenter und somit leichter nachvollziehbar zu machen (vgl. *Horváth/Gleich/Seiter* 2015, S. 342). Dadurch ist es der Betz Stoßdämpfer GmbH beispielsweise besser möglich, gegenüber den Kunden zu rechtfertigen, wie bestimmte Kostensteigerungen zustande kamen bzw. wo sich Potenzial für zukünftige Kostensenkungen befindet.

Aufgrund einer volatilen Nachfrage ist der Bestand an Kolbenstangen unter eine vom Unternehmen definierte Grenze gesunken. Automatisch initiiert dies im Workflowmanagementsystem einen Bestellprozess, der die relevanten Teilprozesse, bspw. im Bereich der Beschaffung, des Einkaufs oder der Produktion umfasst. Ereignisse, die im Rahmen der Durchführung des Bestellprozesses eintreten (z. B. eine außerordentliche Kündigung eines Rahmenvertrages), können selbst wiederum als Initiator für weitere Prozesse und Tätigkeitsfelder fungieren.

Sowohl neue Methoden, Datentypen als auch Prozesse können durch die Einführung eines ERP-Systems zur Verbesserung der Wertschöpfungssteuerung verbunden werden. Durch den Einsatz moderner Technologie lassen sich hier Schnittstellen zwischen verschiedenen Anwendungen und Systemen schaffen, durch die unter anderem kosten- und qualitätsbezogene Daten in Echtzeit übertragen werden können (vgl. *Horváth/Gleich/Seiter* 2015, S. 342). Dadurch wird einerseits den Qualitätsansprüchen des Unternehmens entsprochen und andererseits die Zufriedenheit der Kunden in Bezug auf die Transparenz erhöht.

Auch hier ein kurzes fiktives Beispiel zur Veranschaulichung: In der Produktion ist aufgrund der volatilen Nachfragesituation ein außerplanmäßiger Bedarf an Behälterrohren entstanden. Der Bedarf wird im ERP-System erfasst und zeitgleich auch für die zuständigen Personen im Einkauf sichtbar. Diese können nun dementsprechend, u. a. auf Basis der im System verbuchten Verträge mit Lieferanten, eine Bestellung initiieren. Die entstehenden Daten werden über entsprechende Schnittstellen in Echtzeit sowohl extern als auch intern übermittelt. Externer Adressat wäre in diesem Fall der jeweilige Lieferant für Behälterrohre. Interne Adressaten wären unter anderem das Controlling sowie das Rechnungswesen.

Weiterführende Fragestellungen

Die in der Fallstudie präsentierte Problematik stetig steigender Anforderungen von Kunden an Mittelständler im B2B-Bereich ist für viele Unternehmen Alltag. Diese Fragestellungen sind ebenfalls denkbar:

- Welche Controlling-Instrumente wie z. B. ein Frühwarnsystem mit verschiedenen Indikatoren sind zusätzlich von Nutzen, um die Volatilität beherrschen zu können? Welcher Aufwand ist sinnvoll?
- Wie können die verwendeten Systeme aktuell gehalten werden?
- Was könnte die Digitalisierung in fünf Jahren eventuell ermöglichen?

Hinführung

Der Einsatz von IT in Unternehmen erfolgt klassischerweise im Rechnungswesen, da so operative Abläufe automatisiert und damit eine hohe Rationalisierung und Personalentlastung erzielt werden können (vgl. *Horváth/Gleich/Seiter* 2015, S. 338).

Eine gelungene Integration ist dabei für die IT – und auch in anderen Bereichen des Unternehmens – ein Erfolgsfaktor. Wir unterscheiden die Daten- und die Funktionsintegration. Datenintegration bedeutet, dass die Teilsysteme Daten automatisch an andere weiterleiten bzw. idealerweise auf eine gemeinsame Datenbank zugreifen. Bei der Funktionsintegration geht es darum, die Funktionen der einzelnen Bereiche aufeinander abzustimmen und somit manuelle Eingriffe der Nutzer überflüssig zu machen. Der Output einer Anwendung soll direkt als Input der daran anschließenden Anwendung genutzt werden können. Durch die Verknüpfung von mehreren einzelnen Funktionen gelangt man zum Prozess und damit zur Notwendigkeit einer Prozessintegration (*Horváth/Gleich/Seiter* 2015, S. 336).

Es kann zwischen der horizontalen und der vertikalen Integration unterschieden werden. Die horizontale Integration verbindet die operativen Teilsysteme der Wertschöpfungskette miteinander, die vertikale Integration verbindet diese operativen Systeme mit den Planungs- und Kontrollsystemen und stellt die Informationsversorgung dieser sicher (vgl. *Mertens et al.* 2012, S. 9).

Die Unterstützung der gesamten Wertschöpfungssteuerung wird wiederum durch sogenannte Enterprise Resource Planning-Systeme (ERP-Systeme) sichergestellt. Sie unterstützen alle wesentlichen Funktionen der Administration, Disposition und Führung. In vielen Fällen wird das ERP-System je nach Unternehmen um ein Customer Relationship Management oder ein Supply Chain Management ergänzt (vgl. *Horváth/Gleich/Seiter* 2015, S. 342).

Weiterführende Informationen in unserem Lehrbuch

In Kapitel 5: Die IT-Unterstützung des Rechnungswesens (Kap. 5.2.2.2), die IT-Unterstützung der Planung und Kontrolle (Kap. 5.2.2.3) sowie IT-Unterstützung der gesamten Wertschöpfungssteuerung – Enterprise Resource Planning (Kap. 5.2.2.5).

Fallstudie 8: BahnBus AG – Neugestaltung des IT-Systems

BahnBus AG	
Branche	Öffentlicher Nahverkehr
Umsatz	ca. 427 Mio. EUR
Mitarbeiter	ca. 950 Mitarbeiter

Die BahnBus AG (BB AG) mit Sitz in Berlin betreibt im Auftrag der öffentlichen Hand die S- und U-Bahnen für den öffentlichen Nahverkehr im Innenstadtbereich sowie im Großraum Berlin. Daneben ist die BB AG mit 450 Bussen für öffentliche und private Auftraggeber im Nahverkehr tätig und bedient mehrere Linien im außerstädtischen Busverkehr sowie im Schulbusverkehr.

Die Schienenfahrzeuge und Busse befinden sich im Eigentum der Tochtergesellschaft der BB AG, der Fuhrpark GmbH, und werden durch das dortige Flottenmanagement hinsichtlich Investition und De-Investition, Wartung und Reparatur verwaltet. Die Service & Repair GmbH übernimmt sämtliche Aufgaben im Bereich Wartung und Reparatur. *Abb. 46* und *Abb. 47* zeigen die Strukturen des Konzerns.

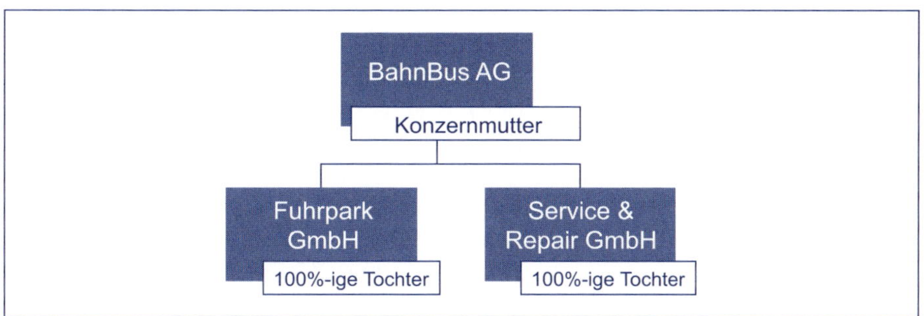

Abb. 46: Konzernstruktur der BahnBus AG

Die Geschäftsführung wird seit mehreren Jahren durch den Vorstandsvorsitzenden Herrn Dr. Klaus Riedel wahrgenommen. In den letzten Jahren hat sich die BB AG verstärkt mit innovativen Verkehrskonzepten, wie einer modernisierten Bahn- und Busflotte mit vernetzter Echtzeit-Fahrzeugüberwachung und Fahrplankontrolle, sowie der Erneuerung der Fahrzeugflotte mit Diesel-Hybrid und Elektrofahrzeugen, beschäftigt. Herr Dr. Riedel, von Haus aus Informatiker, hat sich über seine leitende Tätigkeit in der IT-Abteilung, dessen Aufbau er maßgeblich mitgestaltet hat, zum Vorstandsvorsitzenden entwickelt. Die moderne Ausrichtung der Fahrzeug- und Schienenflotte war stets eines seiner favorisierten Projekte, welchem er Vorrang vor anderen Projekten gab.

Die BB AG ist hierarchisch aufgebaut, mit den Verwaltungsabteilungen IT, Controlling und Buchhaltung, sowie den operativen Abteilungen Werkstätten, Fahrdienste, Fahrgastbetreuung und Vertragswesen. Eine Koordination der Funktionsbereiche findet nicht statt.

Die IT-Abteilung, geleitet durch Frau Diana Martin, ist – bedingt durch den Aufbau von Herrn Dr. Riedel – mit umfangreichen Kompetenzen für das Reporting und die Analyse der betriebswirtschaftlichen und fahrzeugtechnischen Daten betraut. Aktuell berichtet die IT-Abteilung direkt an die Geschäftsleitung. Die Kollegen aus der Controlling-Abteilung, die von Herrn Friedrich Weber geleitet wird, haben es schwer, sich gegen die IT-Abteilung durchzusetzen und kommen nur mühsam und zeitverzögert an Daten und Informationen heran. Es kommt aufgrund unklarer Aufgabenverteilungen und nicht definierter Kompetenzbereiche immer wieder zu Überschneidungen und Redundanzen. Die Aufgaben im Controlling können nur zeitlich verzögert und unvollständig ausgeführt werden. Darüber hinaus pflegt die IT-Abteilung engen Kontakt zur Buchhaltung; diese, geleitet von Herrn Walter Hauschild, erfasst und bucht die alltäglichen Vorgänge. Alle weiteren Funktionen der ERP-Software wie Reporting und Analyse werden anschließend von der IT-Abteilung übernommen.

Durch die Modernisierungsmaßnahmen im Bereich des Flottenmanagements und der Fahrzeugüberwachung hat die IT-Abteilung in den letzten Jahren neue Aufgaben übernommen, wodurch sich die Arbeitslast erhöht hat. Hierunter leidet jedoch die qualitative Bearbeitung der Aufgaben. Die Controlling-Abteilung weist seit geraumer Zeit darauf hin, dass die Planung, das Reporting und die Analyse aus der IT herausgenommen und in die Fachabteilungen gehört. Bisher hat sich die IT-Abteilung jedoch widersetzt, Kompetenzen dieser Art abzugeben. Aktuell liegt lediglich die Kostenträger- und Kostenstellenrechnung in der Verantwortung von Herrn Weber und seinem Team; diese wird in Excel umgesetzt. Eine Schnittstelle zum ERP-System oder zu Systemen der anderen Abteilungen existiert nicht. Unterstützt wird das Controlling dabei vom Leiter der Werkstätten Herrn Achim Nau, der Herrn Weber die aktuellen Planzahlen zur Verfügung stellt.

Dazu plant Herr Nau seit Jahren sehr detailliert seine Kostenstellen in Excel, um die Werkstätten, die an mehreren Standorten verteilt sind, zu überwachen und zu steuern. Über das Wissen zur Bedienung und Pflege dieser mit der Zeit sehr komplex gewordenen Insellösung in Excel verfügt lediglich Herr Nau.

„Die Planung der Fahrzeugwartung und der Instandsetzung sowie der Reparaturen bedeutet für mich einen enormen zeitlichen Aufwand, da ich auch der einzige bin, der die Planung durchführt – ich weiß nicht, wie das werden soll, wenn ich das Unternehmen nächstes Jahr verlasse!"

Achim Nau, Leiter der Werkstätten der BahnBus AG

Da Herr Nau im nächsten Jahr in den Ruhestand geht, pocht das Controlling darauf, diese Lösung in eine integrierte Systemlandschaft einzubinden und zukünftig das Wissen auf mehrere Abteilungen zu verteilen – auch mit der Zielsetzung einer dezentralen Planung.

Darüber hinaus ist der zeitliche Aufwand für das Integrieren des Kostenstellenplans in die ganzheitliche Kostenstellen-/Kostenträgerplanung im Moment sehr hoch und zudem aufgrund der fehlenden Schnittstelle äußerst fehleranfällig. Bislang sieht Herr Dr. Riedel hier jedoch noch keinen Handlungsbedarf.

Weiterhin besteht Unstimmigkeit in Bezug auf die Erstellung einer Planbilanz und der Notwendigkeit einer Liquiditätsrechnung. Aufgrund des Defizitausgleichs durch Träger der öffentlichen Hand, ist das Thema Bilanzsteuerung und Cashflow bisher nicht thematisiert worden. Herr Hauschild und Herr Weber sehen in diesen beiden Themen elementare Werkzeuge für eine moderne und zukunftsorientierte Unternehmensführung.

Bisher wurden diese Themen von Herrn Dr. Riedel vernachlässigt und keine Ressourcen dafür bereitgestellt. Herrn Hauschild stört auch die mangelnde fachliche Kompetenz der IT in Finanzthemen. Den Wunsch nach einer engeren Zusammenarbeit mit dem Controlling hat er schon vor geraumer Zeit geäußert. Bislang besteht faktisch kein Kontakt zum Controlling. Auch würde Herr Hauschild gern tiefer in seinem Fachgebiet arbeiten und Themen wie Investitionsplanung, operative Planung und integrierte Finanzplanung begleiten sowie die Konsolidierung des Konzerns selbst betreuen. Mit der Konsolidierung ist seit Jahren eine externe Wirtschaftsprüfungsgesellschaft beauftragt und die Koordination von Investitionen und De-Investitionen wird durch die Geschäftsführung gesteuert.

Neben all diesen vorherrschenden Spannungen hat die Geschäftsführung für das nächste Jahr das Ziel ausgerufen, zusätzlich zur einmal jährlichen Planung, einen rollierenden Forecast zu erstellen, welcher durch mögliche Szenarien und „Was-wäre-wenn"-Betrachtungen erweitert werden soll. Aus den operativen Abteilungen kam hierzu bisher kein Feedback. Es wird aber befürchtet, fachlich und zeitlich nicht in der Lage zu sein, dieses zu bewerkstelligen.

Folgende Bestandsaufnahme kann somit gemacht werden:

- Es herrscht eine unklare Aufgabenverteilung und es gibt nicht definierte Kompetenzbereiche zwischen IT, Controlling und Buchhaltung,
- die IT-Abteilung übernimmt zu viele Aufgaben, neue Aufgaben überlasten die IT-Abteilung,
- Datenaustausch und -weitergabe an das Controlling und die Finanzbuchhaltung sind zeitlich verzögert und unvollständig,
- es gibt keine inhaltliche und fachliche Verbindung von Buchhaltung und Controlling,
- die Planung der operativen Kostenstellen erfolgt dezentral ohne Begleitung durch das Controlling,
- selbsterstellte, schwer zu pflegende Excel-Tabellen zur Umsetzung von Controlling-Aufgaben werden eingesetzt,

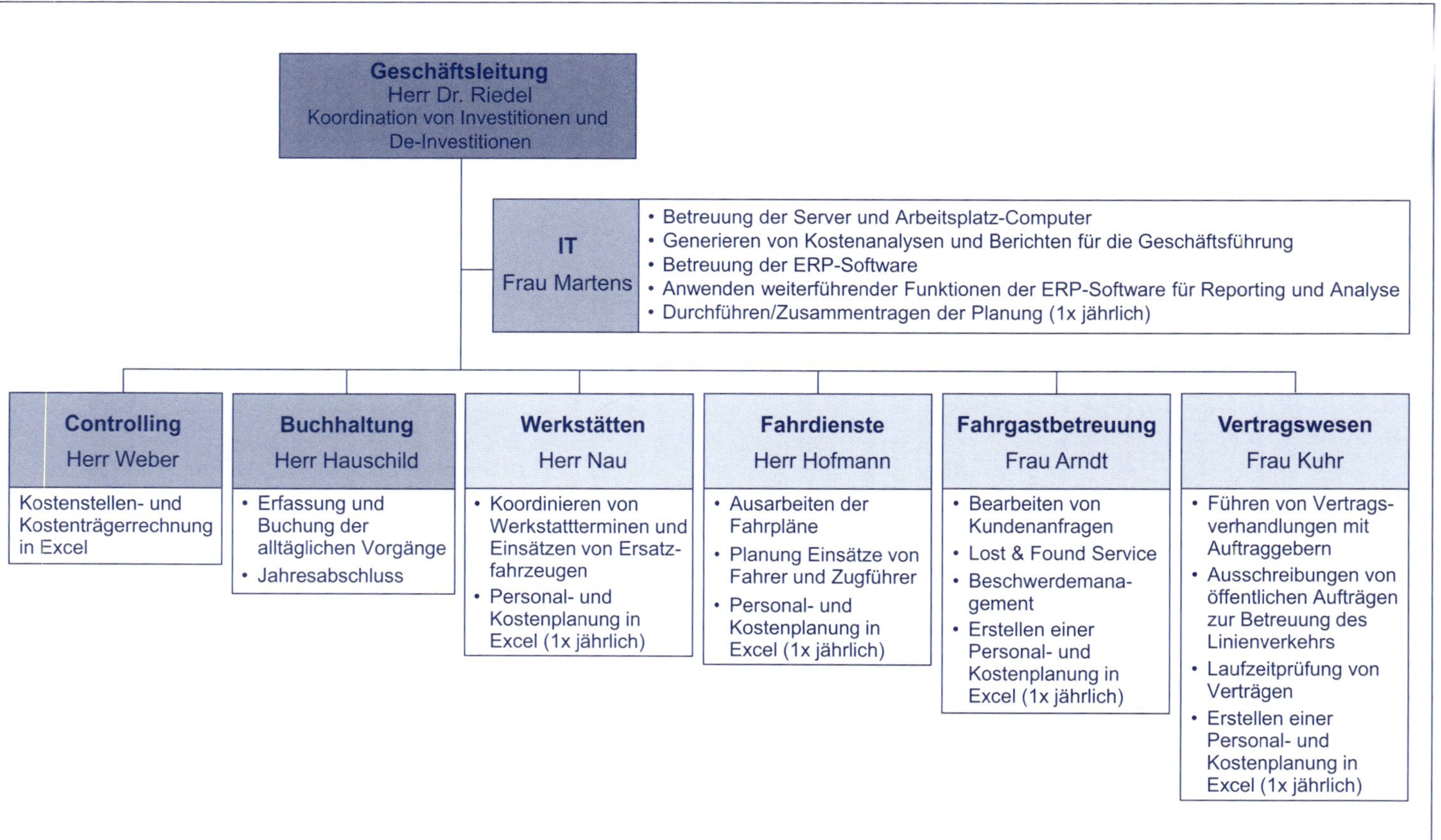

Abb. 47: Organisationsstruktur der BahnBus AG

- ein hoher Aufwand bei der Zusammenfassung von Teilplänen zum Gesamtplan muss betrieben werden,
- es besteht die Gefahr des Verlusts von Wissen bei Ausscheiden von Einzelpersonen,
- die Konzern-Konsolidierung wird durch einen externen Dienstleister erbracht und
- eine Liquiditätsrechnung und eine integrierte Finanzplanung sind nicht vorhanden.

Diese Bestandsaufnahme muss nun zu Änderungen im Unternehmen führen. Herr Weber bittet nun Herrn Dr. Riedel um Beauftragung von externen Beratern. Er schlägt die Firma CP Corporate Planning AG (CP) aus Hamburg vor, um sich von diesen eine Softwarelösung zum Thema Operative Planung und Integrierte Finanz- und Erfolgsplanung und Konsolidierung präsentieren zu lassen. Herr Weber hatte bereits in einem anderen Unternehmen mit deren Software gearbeitet und gute Erfahrungen damit gemacht. Die Mitarbeiter der Corporate Planning AG sollen die Organisation und die internen Abläufe neu gestalten, um eine klarere Aufgabenverteilung und definierte Kompetenzbereiche zu schaffen. Es soll durchleuchtet werden, ob die aktuellen Aufgaben von den richtigen Abteilungen bearbeitet werden.

Auch soll geprüft werden, ob die Software genügend Unterstützung anbietet, um die Themen Planung, Reporting und Analyse zu bearbeiten. Die Vision der Einführung einer integrierten Finanz- und Liquiditätsplanung mit anschließender Konzern-Konsolidierung muss dabei ebenfalls beachtet werden.

„Ich erwarte von den Experten der CP AG die Berücksichtigung sämtlicher Interdependenzen des Gesamtplans in Verbindung mit der Planung der einzelnen Kostenstellen und die Auflösung der Insellösungen."

Dr. Klaus Riedel, Vorstandsvorsitzender der BahnBus AG

Lösungsvorschläge von Experten aus der Praxis

Prof. Dr. Peter Mertens arbeitet als emeritierter Professor am Lehrstuhl Wirtschaftsinformatik I der Friedrich-Alexander-Universität Erlangen-Nürnberg

Vorab zu erledigen ist eine Abschätzung bzw. sogar eine Befragung der Mitarbeiter des Controllings, inwieweit diese bereits über Kenntnisse der IT-gestützten Überwachung und Führung verfügen und wie es umgekehrt um das Fachwissen in der IT-Abteilung in Bezug auf betriebswirtschaftliche Methoden und deren Abbildung in Standardsoftware steht.

Unter dem Vorbehalt des noch unvollständig erhobenen Sachstands können die fünf folgenden Richtungen angezeigt werden, in denen die Lösungen gesucht werden sollten:

Auf die **IT-Abteilung** kommen erstens wahrscheinlich heikle Aufgaben zu. Beispiele sind

- teilweise fahrerlos verkehrende Straßen- und Schienenfahrzeuge,
- Mischformen aus Massentransporten auf den Hauptstrecken und damit koordiniertem Individualverkehr auf Nebenstrecken sowie die
- Abwehr von Angriffen („Cyber-Attacken") auf die Transporte und auf die Informationsnetze.

In Anbetracht dieser schwierigen Herausforderungen sollte die IT-Abteilung darauf fokussiert werden. Umgekehrt können betriebswirtschaftliche Aufgaben verstärkt von den Abteilungen Buchhaltung und Controlling wahrgenommen werden.

Vorausgesetzt, die **Buchhaltung** ist oder wird hinsichtlich verkehrstechnischer und verkehrswirtschaftlicher sowie steuerrechtlicher Kompetenzen personell vorbereitet, sollten ihr zweitens die Funktionen zur Finanz- und Liquiditätsplanung weit über den bisherigen Aufgabenbereich hinaus übertragen werden. Aus ihren Arbeitsergebnissen folgen Hinweise auf die Nachhaltigkeit bzw. Zukunftssicherheit der Unternehmensstrategie.

Der **Funktionskatalog der Controlling-Abteilung** sollte drittens über die bisherigen Aufgaben (Kostenarten- und Kostenstellenrechnung) hinaus erstreckt werden. Dazu zählen moderne Kosten- und Erlösanalysen mit Vergleich („Benchmarking") innerhalb des Unternehmens und mit Verkehrsunternehmen im In- und Ausland. Wegen der Ähnlichkeit der Betriebe der Branche drängen sich diese Werkzeuge der Unternehmensplanung geradezu auf. Beispiele sind

- die Verfolgung von ungünstigen Spitzenkennzahlen in Verdichtungshierarchien hinab zu Strecken und Betriebszeiten,
- die Kapazitätsauslastung des Wagenparks (Ursachenanalyse) und umgekehrt
- die Berechnung von alternativen Maßnahmen zur Verbesserung von Kennzahlen (Zielrechnungen, „How-to-achieve"- und „What-if"-Rechnungen).

Diese Methodengruppen sind auch Instrumente der IT-gestützten Risikoanalyse im Unternehmen.

Viertens ist das **Angebot an deutschsprachiger Standardsoftware für die skizzierten zukünftigen Aufgaben** der Controlling-Abteilung reichhaltig. Das betrifft nicht nur die Integration von Modulen zur Kosten-, Investitions- und Erfolgsrechnung, sondern auch die zur Buchhaltung („geschlossene Systeme des Rechnungswesens") und von dort zur Liquiditäts- und Finanzplanung einschließlich der darauf im Sinne vertikaler Integration aufbauenden Führungsinformationen. Herr Weber dürfte aufgrund seiner früheren Berufstätigkeit die Kompetenz besitzen, aus diesem Angebot eine gute Wahl zu treffen.

Nachdem gerade in Berlin katastrophale Plan-Ist-Abweichungen im Bau- und Verkehrswesen passiert sind, wobei die Verantwortung (der „Schwarze Peter") hin- und hergeschoben wird, sollte der Controlling-Abteilung fünftens auch die **Projektverfolgung** (Termine, Qualität, Kosten) zusammen mit automatischen oder zumindest teilautomatischen periodischen und situationsbezogenen Berichten (zum Beispiel dem Prinzip „Information by Exception" folgend) übertragen werden. Herr Dr. Riedel könnte als Adressat der Meldungen und gegebenenfalls Motor von Veränderungen eine hervorgehobene Rolle spielen.

Dr. Bastian Hanisch, Principal und Leiter des Business Segments IT Transformation bei Horváth & Partners Management Consultants, Stuttgart

Die aktuelle Aufgabenverteilung zwischen den Organisationseinheiten ist historisch gewachsen und unscharf bzgl. der Verantwortlichkeiten. Dadurch kommt es zu Prozessbrüchen, Fehlern und Geschwindigkeitsverlust.

Um dies zu vermeiden, **fokussieren sich die Organisationseinheiten zukünftig stärker auf ihre Kern-Aufgabenfelder**. Planung, Reporting und Analyse werden durch das zentrale Controlling durchgeführt. Die Buchhaltung begleitet die Planung und übernimmt die Bilanz- und Cashflow-Steuerung. Die IT konzentriert sich stärker auf die Abdeckung der neuen Anforderungen aus der Modernisierung der Fahrzeugflotte. Um die operativen Einheiten zu entlasten, können zusätzlich dezentrale Controller in der Fuhrpark GmbH und in der Service & Repair GmbH sinnvoll sein, insbesondere zur Begleitung der dezentralen Planung, zum Wissenstransfer bzgl. der bisherigen Vorgehensweise und zur Begleitung der Einführung eines zentralen Controlling-Systems. *Abb. 48* fasst die organisatorischen Neuerungen nach Bereichen geordnet zusammen.

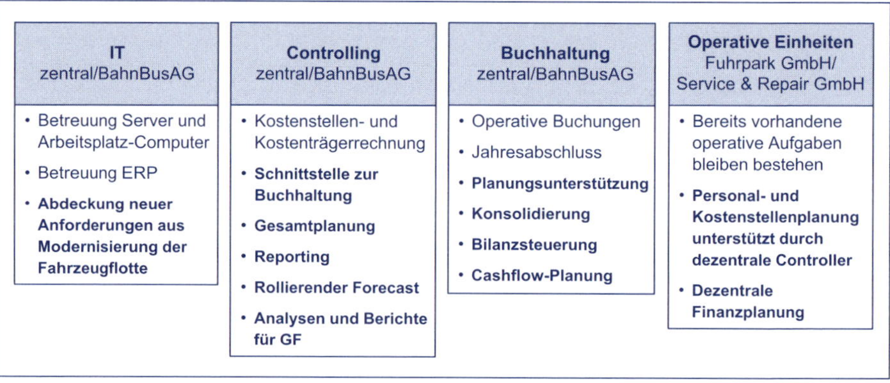

Abb. 48: Künftige Aufgabenverteilung bei der BahnBus AG (neue Aufgaben sind fett gedruckt)

Um das Zielbild einer integrierten Planung zu erreichen, müssen die strategische und operative Planung, Steuerung/Forecasting und die Ziele-Definition eng ineinandergreifen. Zusätzlich müssen Voraussetzungen wie eine durchgängige Steuerungslogik und die oben bereits beschriebene effiziente IT-Unterstützung geschaffen werden.

Ein beispielhaftes **Zielbild für eine integrierte Planung** zeigt *Abb. 49*.

Abb. 49: Beispiel eines Zielbilds der integrierten Planung

Die aktuelle Systemlandschaft ist fragmentiert und baut stark auf Eigenentwicklungen auf. Im Prozessverlauf treten Medien-, System- und die oben bereits genannten Verantwortungsbrüche auf. Die tägliche Arbeit wird erschwert, verlangsamt und ist aufgrund manueller Eingriffe fehleranfällig (z. B. Integration des Kostenstellenplans in die Gesamtplanung).

Analyse und Reporting finden im ERP-System statt, die Kostenträger- und Kostenstellenrechnung in einer Excel-Lösung sowie die Planung in einer weiteren Excel-Lösung. Zur Investitionsplanung gibt es keine Aussage (ebenfalls Excel?), Bilanz sowie Gewinn- und Verlustrechnung werden aktuell nicht geplant.

Im Idealfall kann das **vorhandene ERP-System um die benötigten Komponenten erweitert werden**. Wenn dies möglich ist, sollten Funktionalitäten sowohl für die Planung als auch für Bilanz- und Cashflow-Steuerung sowie für die Konzernkonsolidierung ergänzt werden. Oberste Priorität hat dabei die Ablösung der manuellen Kostenstellenplanung von Herrn Nau aufgrund seines nahenden Ruhestands und des somit drohenden Wissensverlusts. Durch die Integration der Planungsfunktionalität in ein zentrales System entfällt die manuelle Überführung des Detail-Kostenstellenplans in die Gesamtplanung. Die Gesamtplanung erfolgt dadurch schneller, Fehler aufgrund von manuellen Prozessschritten werden reduziert.

Zusätzlich sollte geprüft werden, ob der hohe Aufwand für die Planung von Fahrzeugwartung, Instandsetzung und Reparaturen ebenfalls durch eine ERP-Funktionalität oder eine Spezialsoftware mit ERP-Anbindung unterstützt werden kann. Durch eine integrierte Kapazitäts- und Auslastungsplanung kann so zusätzlich der Einsatz der Mitarbeiter und weiterer Ressourcen (z. B. Werkstätten/Hebebühnen, Spezialwerkzeuge) besser geplant und somit optimiert werden. Auch der rollierende Forecast kann durch eine höhere Aktualität der Daten aus der operativen Kapazitäts- und Auslastungsplanung mit höherer Prognosegüte durchgeführt werden.

Zusammenfassend lässt sich feststellen, dass durch die Umsetzung der vorgeschlagenen Maßnahmen die Rollen und Verantwortlichkeiten innerhalb der BahnBus AG geschärft werden. In Kombination mit einer optimierten Systemunterstützung wird eine Verkürzung der Planungsdauer sowie die Unabhängigkeit von Einzelpersonen erreicht. Außerdem wird die Grundlage für weitere Elemente einer modernen Unternehmensführung, wie rollierende Forecasts und eine Cashflow-Planung, geschaffen.

Lösungsvorschlag der Autoren[1]

- Die BahnBus AG hat erkannt, dass die internen Prozesse nicht mehr den Anforderungen einer modernen und zukunftsorientierten Unternehmensführung gerecht werden. Die vorherrschenden Spannungen bremsen das gesamte Unternehmen.
- Die Vision ist, dass jede Abteilung durch eine Neuverteilung oder respektive Übernahme neuer Aufgaben, ihrer Fachlichkeit gerecht wird. Redundanzen sollen aufgelöst und die Kommunikation zwischen den Bereichen durch definierte Schnittstellen optimiert werden. Die einzelnen Insellösungen für die Kostenplanungen in den operativen Abteilungen müssen abgeschafft werden.

Ausgangssituation

Die BahnBus AG ist ein hierarchisch gegliedertes Unternehmen, das im Großraum Berlin für den Betrieb des ÖPNV zuständig sowie für private Auftraggeber tätig ist. In den vergangenen Jahren wurden vom Unternehmen innovative Verkehrskonzepte, wie eine modernisierte Bahn- und Busflotte mit vernetzter Echtzeit-Fahrzeugüberwachung sowie die Erneuerung der Fahrzeugflotte z. B. mit Elektrofahrzeugen, angestoßen.

Problemstellung

Die internen Prozesse der BahnBus AG werden den Anforderungen einer modernen Unternehmensführung auch im Hinblick auf die Veränderungen der vergangenen Jahre nicht mehr gerecht. Die Verteilung und Abstimmung der Aufgaben, Datenflüsse und Verantwortlichkeiten im Unternehmen muss grundsätzlich überdacht werden – ein Beispiel hierfür ist die vorherrschende Kompetenzstreitigkeit zwischen IT-Abteilung und dem Controlling des Unternehmens. Auch die Einführung einer neuen Software, die ganzheitlich – sprich auch funktional und organisatorisch – integriert werden sollte, ist anzuraten. Hierbei sollte auf externe Beratung durch ein Controlling-Software-Unternehmen, wie z. B. auf CP Corporate Planning, zurückgegriffen werden.

Lösungsansätze

Da mit der vorhandenen Softwareumgebung und den aktuellen Zuständigkeiten die angesprochenen Veränderungen im Unternehmen nicht zufriedenstellend bewältigt werden können, gilt es, die Softwareumgebung zu modernisieren und die Prozesse und die Organisation dem Wachstum der vergangenen Jahre anzupassen (vgl. zur Organisationsanpassung *Abb. 50*). Neben den softwaregesteuerten Prozessen müssen in den einzelnen Abteilungen die Aufgaben klar definiert und Eskalationsstufen festgeschrieben werden.

1 Die Lösung dieser Fallstudie wurde freundlicherweise von der CP Corporate Planning AG, Hamburg unter Leitung des Vorstands Herrn Peter Sinn erarbeitet.

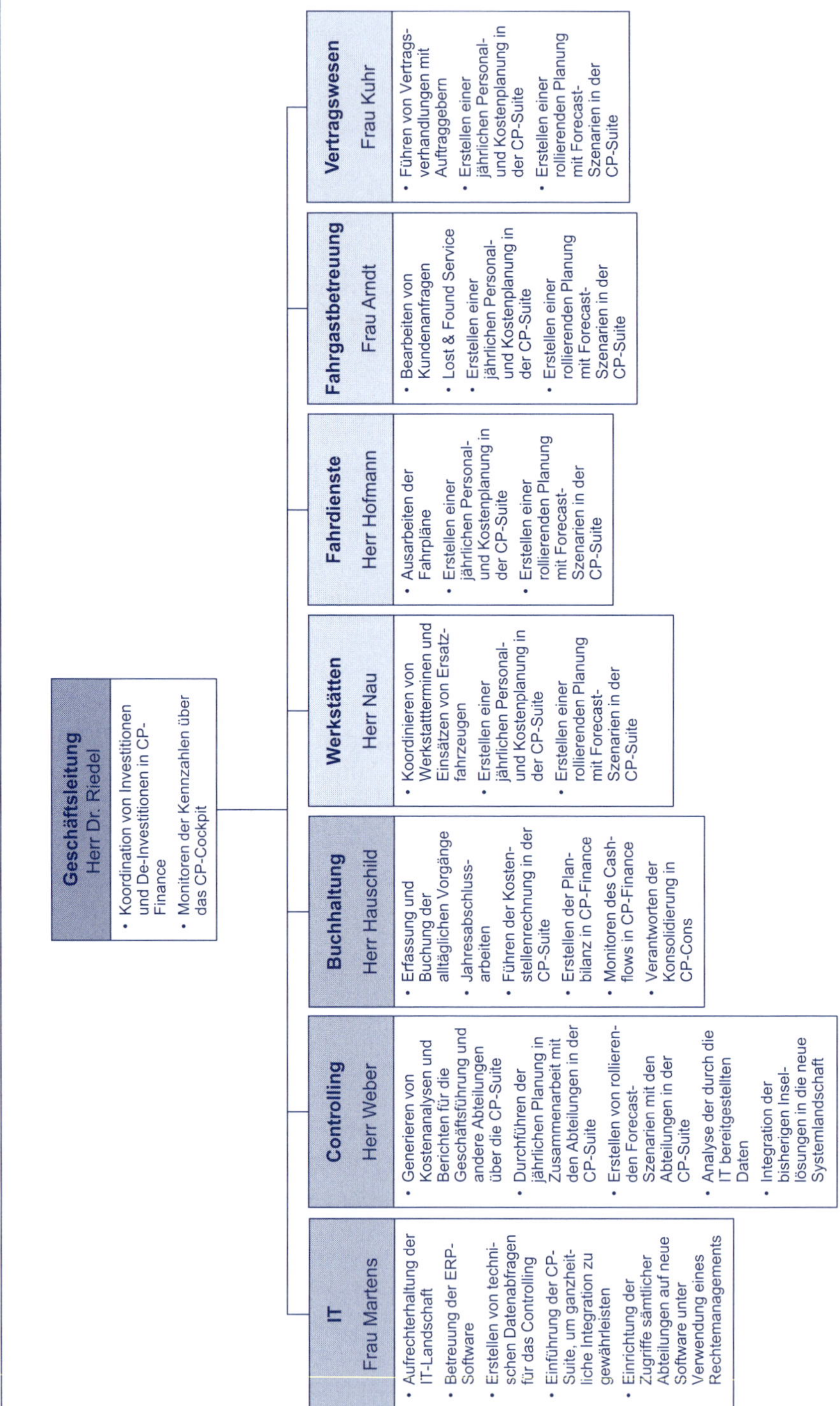

Abb. 50: Geplante Organisationsstruktur der BahnBus AG

Die Herausforderung besteht darin, die fachliche Verantwortung den einzelnen Abteilungen zurückzugeben und somit auch das abteilungsspezifische Wissen zu nutzen und zu entwickeln. Dazu ist es notwendig, den Mitarbeitern Werkzeuge an die Hand zu geben, mit denen die neuen Aufgaben bearbeitet werden können.

Die Sorge der IT-Abteilung, der Buchhaltung und dem Controlling mit der Einführung einer neuen Software zu viel technisches Know-how zuzumuten, muss genommen werden. Eine sinnvolle Möglichkeit wäre es, den operativen Abteilungen die betriebswirtschaftlichen Funktionen der Software zur Verfügung zu stellen und technisch-administrative Funktionen in der IT-Abteilung zu belassen.

Das Controlling und die Buchhaltung können gemeinsam die betriebswirtschaftlichen Zusammenhänge in der Software abbilden, ohne über IT-technisches Wissen verfügen zu müssen. Zur Steuerung des dezentralen Zugriffs auf die Ist- und Plandaten sollte den operativen Abteilungen lediglich browserbasierte Zugänge auf die Kostenstellenplanung und Analyse eingerichtet werden. Vordefinierte Eingabeformulare und in der Software hinterlegte Prozesse können weitere Sicherheit geben.

Ein wichtiger Punkt für die Unternehmensführung ist hierbei sicher, dass es sich bei der angedachten Lösung um eine einzige Datenquelle in Form eines „Single Point of Truth" handelt. Es ist somit möglich, mit einer in der Software abgebildeten einheitlichen Geschäftslogik alle Abteilungen und Kostenstellen einzubinden und in die Planung aktiv zu integrieren.

Zudem kann durch diese Neuerung die Qualität verbessert und gleichzeitig Zeit gespart werden, da eine schnellere Abstimmung zwischen den Abteilungen bei der Planung und der Planzusammenführung erfolgt. Die Einführung einer solchen Software erzeugt weiterhin Kostensenkungspotenziale.

Die Investitionsplanung kann nach wie vor durch die Unternehmensführung gesteuert werden, sofern die Auswirkungen anschließend in der Planbilanz und in der Cashflow-Rechnung für andere transparent sind. Ebenfalls kann die Unternehmensführung in Zukunft mit Szenario-Betrachtungen unterstützt werden, um Fragen nach der Auswirkung von Alternativentscheidungen oder der zeitlichen Verschiebung von Investitionen beantworten zu können. Diese Betrachtungen können leicht durch das Controlling ermöglicht werden, ohne weitere Zuarbeit aus der IT.

Die Konzernkonsolidierung sollte weiterhin im eigenen Haus durchgeführt werden. Die einzuführende Konsolidierungssoftware kann dazu die bereits aufgebauten Strukturen und Daten der Integrierten Finanzplanung aus GuV und Bilanz nutzen. Eine erneute und somit doppelte Erfassung der Daten ist also nicht notwendig. Neben der Konsolidierung der Ist-Zahlen bietet sich ferner die Möglichkeit, eine Konzernrechnung über die Planzahlen aufzubauen. Für die BahnBus AG bieten sich hier Chancen und Möglichkeiten für die Gespräche mit Trägern der öffentlichen Hand. Ein solches Zahlenwerk ist im Bereich öffentlich-beauftragter Unternehmen mit Sicherheit noch selten. Hier könnte die BB AG Pionierarbeit im Rahmen der Berichtserstattung leisten.

Für den Leiter der Werkstätten ergibt sich aus den Änderungen eine neue Unabhängigkeit. Auch gehören redundante Arbeiten, wie das Zusammenführen heterogener Excel-Files, zukünftig der Vergangenheit an. Durch die Nutzung einer Standardsoftware und der darin abgebildeten Geschäfts- und Prozesslogik wird sichergestellt, dass vorhandenes Wissen leicht weitergegeben werden kann und es nicht zu einem Wissensabfluss z. B. nach der Pensionierung des Werkstättenleiters kommt. Die Spezialisten können sich fortan auf fachliche Themen konzentrieren, die Schulung der Software kann durch externe Berater sichergestellt werden.

Ein weiterer zu nennender Vorteil einer Softwarelösung ist die Möglichkeit der Auswertung der Kennzahlen unter Verwendung eines Cockpits. Dieses kann in einer übersichtlichen Darstellung über Kennzahlen zur Pünktlichkeit oder über Fahrgastzahlen informieren. So ist es beispielsweise möglich, diese Kennzahlen repräsentativ im Unternehmen an zentraler Stelle auf einem Monitor allen Mitarbeitern zur Verfügung zu stellen. Der Vorstand kann sich über solch ein Cockpit hingegen jederzeit betriebswirtschaftliche Kennzahlen zur aktuellen Lage des Unternehmens darstellen lassen.

Abschließend lässt sich sagen, dass die Einführung des neuen Systems zwar nicht von heute auf morgen vonstattengehen wird, aber mittelfristig unerlässlich für den erfolgreichen Fortbestand des Unternehmens ist. Als erster Schritt sollte nun die Durchführung eines Projekt-Design-Workshops erfolgen.

Weiterführende Fragestellungen

Angesichts des hohen mittel- und langfristigen Investitionsbedarfs in dieser Branche und der zu erwartenden Veränderungen durch eMobility, Share Economy etc. sind drei weitere Fragen zudem von Bedeutung:

- Wie sollte ein mittel- bzw. langfristiger integrierter Investitions- und Finanzplan aufgebaut sein?
- Welche Auswirkungen haben eMobility, demographische Veränderungen und Share Economy auf das Geschäftsmodell der BahnBus AG?
- Welche Potenziale bzw. Risiken ergeben sich durch die Digitalisierung für die BahnBus AG?

6 Organisation des Controllings

Hinführung

Beim Betrachten der Gesamtorganisation vieler Unternehmen ist häufig eine hohe Dezentralisierung festzustellen. Diese Dezentralisierung muss sich logischerweise auch in der Controllerorganisation niederschlagen und das Controlling spezialisieren, was sich je nach Unternehmensgröße in sehr komplexen Strukturen äußert. Beispiele für das spezialisierte Controlling sind das Finanzcontrolling, das Beteiligungscontrolling, das Marketingcontrolling sowie vermehrt auch das Green Controlling.

In der folgenden Fallstudie befassen wir uns mit einem weiteren Vertreter dieser Spezialisierung: dem Innovationscontrolling. Da die Fähigkeit zu schneller, effizienter und erfolgreicher Innovation ein wettbewerbsentscheidender Faktor geworden ist, wird das Innovationscontrolling als Teil des Innovationsmanagements zunehmend relevanter. Die Aufgabe des Innovationscontrollings ist deshalb die unternehmensweite Planung von Innovationsprojekten bzw. Forschungs- und Entwicklungsaktivitäten, die Steuerung von Innovationsportfolios sowie die Definition und Umsetzung von Innovationsstrategien (vgl. *Horváth/Gleich/Seiter* 2015, S. 420).

Das Innovationsmanagement allgemein sorgt für die Schaffung von Innovationen als Routineprozess: Innovationen sollten sich nicht zufällig ergeben, sondern regelmäßig erfolgen, um den nachhaltigen wirtschaftlichen Erfolg zu garantieren. Da viele Faktoren eines Innovationsprozesses jedoch trotz der Etablierung von standardisierten Phasenabläufen unsicher bleiben und auch Ressourcenknappheit und steigende Anforderungen herrschen, ist die Einbindung des Controllings gefragt. Dessen Unterstützung soll zur Maximierung der Effizienz und Effektivität im Innovationsprozess führen.

Konkret sind drei Aufgabengebiete des Innovationscontrollings auszumachen: Die Unterstützung der Planung (frühzeitige Identifikation von Risiken, Abstimmung von Entscheidungen, …), die Unterstützung durch Befriedigung des Informationsbedarfs (Beschaffung und Aufbereitung von Informationen, Feedback zu bisherigen Projekten und Schaffung einer Informationsbasis für zukünftige Innovationsprojekte, …) sowie die Kontrolle der Innovationsaktivitäten. Letzteres erfolgt nicht nur mit quantitativen Ergebniskontrollen, sondern auch qualitative Zielgrößen werden berücksichtigt. Hier wird also ein Performance Measurement-System benötigt (vgl. auch *Munck, Chouliares, Gleich* 2014, S. 110).

Weiterführende Informationen in unserem Lehrbuch

In Kapitel 6: Ausprägungen der Controllerorganisation (Kap. 6.4 und vor allem Kap. 6.4.3.4).

Fallstudie 9: Automatisierung GmbH – Aufbau eines Innovationscontrollings

Automatisierung GmbH	
Branche	Maschinen- und Anlagenbau
Umsatz	ca. 120 Mio. EUR
Mitarbeiter	ca. 750 Mitarbeiter

Die Automatisierung GmbH ist spezialisiert auf den Bau von intelligenten und automatisierten Montage- und Prüfanlagen für die produzierende Industrie. Ein Branchenschwerpunkt liegt auf der Automobil- und Automobilzuliefererindustrie. Das Unternehmen entwickelt, konzipiert und fertigt die Anlagen kundenindividuell, d. h. es gibt nur in geringer Anzahl Standard- oder Serienlösungen. Pro Jahr werden etwa 50 Anlagen gefertigt und weltweit ausgeliefert. Die Bandbreite bei den Auftragssummen geht von ca. 1 Mio. EUR bis 10 Mio. EUR.

Geführt wird das Unternehmen seit 15 Jahren von Herrn Thomas Müller, der auch zusammen mit einem Investor Gesellschafter des Unternehmens ist. Herr Müller ist verantwortlich für Forschung und Entwicklung sowie Vertrieb. Weitere Geschäftsführer sind zum einen Herr Frank Fauser, der die Produktion/Montage verantwortet und zum anderen Frau Dr. Franka Michalski, welche den Finanz- und Verwaltungsbereich leitet. Beide sind erst seit zwei Jahren im Unternehmen.

Ein großer Schwerpunkt und Fokus der Automatisierung GmbH ist das Erarbeiten von sehr innovativen Automatisierungslösungen. Speziell im Bereich der Schweißtechnik sind aktuell mehr als 25 laufende Forschungs- und Entwicklungsaktivitäten zu verzeichnen, wenngleich derzeit nur wenige Schweißanlagen verkauft werden. Auch im Bereich der Montage- und Prüfanlagen für LKW-Getriebe, einer langjährigen „Cash Cow" des Unternehmens, gibt es noch mehr als 55 laufende Innovationsprojekte bei aktuell fünf verkauften Anlagen pro Jahr.

Die meisten aktuellen Projekte beziehen sich auf den erst vor fünf Jahren etablierten Bereich der vollautomatisierten Montagestraßen für Haushaltsgeräte wie beispielsweise Kühlschränke und Waschmaschinen. Dieser stark wachsende Konsumgüterbereich profitierte lang von einfachen System-Templates aus dem LKW-Getriebesektor, durch welche auch der Markteintritt problemlos und mit sehr geringen Investitionen gelang.

Allerdings warnt seit Kurzem der sehr marktaffine Produktionsgeschäftsführer Fauser, dass ein Missverhältnis zwischen Innovations- und Vertriebsaktivitäten existiert:

„Wir hätten aktuell die Chance, durch die Entwicklung von modularen Standardkomponenten die Wettbewerbssituation im Haushaltsgerätesektor für uns entscheidend zu beeinflussen. Ich denke, wir könnten zu den Top 2-Anbietern aufschließen. Allerdings stehen dafür derzeit nur 10 % der F&E-Kapazitäten zu Verfügung."

Frank Fauser, Geschäftsführer Produktion/Montage der Automatisierung GmbH

Er drängt die beiden anderen Geschäftsführer zu einem „Abschneiden alter Entwicklungszöpfe". Nur dadurch lasse sich der Erfolg im Bereich der vollautomatisierten Montagestraßen für Haushaltsgeräte stabilisieren und ausbauen. Es reiche seiner Meinung nach bei weitem nicht, eine findige Außenmontagetruppe bei den Haushaltsgeräte-Montagestraßen zu haben, die „Ad hoc-Lösungen" im Sinne des Kunden erarbeitet. Stattdessen brauche es zur Wettbewerbsdifferenzierung dringend intelligente, flexible und eigenentwickelte Standards, die bereits in der Vertriebsphase entscheidend für die Auftragserteilung sein könnten.

Geschäftsführer Müller ist hiervon schwer zu überzeugen. Er setzt immer noch sehr stark auf die „Altanlagen" und alten „Cash Cows" und ist überzeugt davon, dass die Firma mit neuen innovativen sowie „smarten" Lösungen wieder ihre alte Marktstellung im Bereich der Schweißanlagen und der automatisierten LKW-Getriebemontage erreichen kann. Mehr als 80 % der F&E-Ressourcen werden für diese Markt- und Anlagenbereiche gebündelt.

Durch ein neues softwaregestütztes Projektmanagement und Projektcontrolling für die Innovationsprojekte arbeiten die Entwicklungsexperten seit diesem Jahr deutlich transparenter und effizienter. Auch der Stand der Entwicklungsprojekte ist für die Geschäftsführung mehrdimensional verfügbar (z. B. Kosten-, Zeit-, Qualitätsfortschritt), d. h. es existieren projektbezogen gute Planungs- und Steuerungskonzepte.

Geschäftsführerin Dr. Michalski ist sehr stolz auf diese Toolinnovation, welche durch das zentrale Controlling in Zusammenarbeit mit der internen IT sowie einem Softwareanbieter eingeführt wurde. „Schätzungsweise zehn bis fünfzehn Prozent", so Frau Dr. Michalski, „beträgt der Performancefortschritt durch das bessere Projektmanagement sowie das flankierende Controlling. Auch die neue Software hat einen wichtigen Teil dazu beigetragen". Aktuell wird auch an einem Target Costing-Konzept gearbeitet, um wichtige Inputinformationen für die Projektplanung und -steuerung zu bekommen.

Die Innovationsprojektperformance konnte ferner in den letzten Jahren durch die Einführung eines Stage-Gate-Konzeptes stabilisiert und ausgebaut werden (vgl. zur Grundlogik *Abb. 51*). Auch da mit diesem Tool die logische Brücke zwischen dem Ideenmanagement (u. a. mit den Komponenten Open Innovation, External Advisory Network und Innovation Scout Network) und dem Innovationsmanagement geschlagen wurde. Es stellt allerdings eine Herausforderung dar, einmal gestartete Innovationsprojekte zu stoppen oder „auszuphasen".

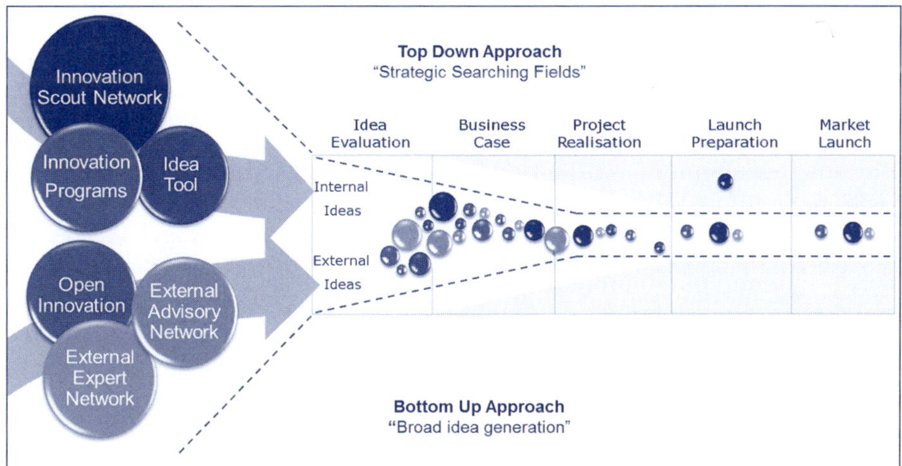

Abb. 51: Grundlogik des Stage-Gate-Prozesses bei der Automatisierung GmbH (vgl. Jager 2015, S. 16)

Nur 20 % der einmal gestarteten Innovationsprojekte der letzten 10 Jahre sind aufgrund schlechter Business Cases oder Umsetzungsproblemen gestoppt und beendet worden.

Diese „Stetigkeitsstrategie" war und ist besonders Geschäftsführer Müller sehr wichtig. Ihn plagt die Angst, dass gute Ideen in der Organisation irgendwann einmal wieder vergessen werden könnten und damit auch mögliche Marktchancen vergeben werden. Daher werden sehr viele Ideen und Innovationsprojekte sehr lange am Leben erhalten und verbleiben in den Phasen „Idea Evaluation" oder „Business Case" quasi „on hold".

Geschäftsführerin Dr. Michalski möchte nun das Innovationscontrolling deutlich ausbauen, auch um sicherzustellen, dass die Automatisierung GmbH zukünftig tatsächlich marktorientierter innoviert.

„Unser neues Innovationscontrolling muss deutlich umfassender konzipiert und implementiert werden und sollte nicht nur einen direkten Projektbezug haben."

Dr. Franka Michalski, Geschäftsführerin Finanz- und Verwaltung der Automatisierung GmbH

Lösungsvorschläge von Experten aus der Praxis

Dr. Volker Nestle, Leiter Zentralbereich Forschung & Entwicklung der TRUMPF GmbH & Co. KG, Ditzingen

Die Automatisierung GmbH ist das typische Beispiel eines erfolgreichen eigentümergeführten Unternehmens, welches auf Basis innovativer Lösungen in einem definierten Technologie- und Marktumfeld nachhaltiges Wachstum generiert und nun eine aus organisatorischer und operativer Sicht kritische Größe erreicht hat.

Es lässt sich deutlich erkennen, dass unter den Geschäftsführern Müller, Fauser und Michalski unterschiedliche Zielvorstellungen über die zukünftige Ausrichtung des Unternehmens existieren. Während Herr Müller als Gesellschafter das Wachstum des Unternehmens auf Basis etablierter Technologien und Prozesse miterlebt hat und im Wesentlichen auch so weiterführen möchte, bringen seine zwei Mitgeschäftsführer neue, objektive Verbesserungsvorschläge in die Unternehmensführung ein, die sowohl die Effektivität im Wettbewerbsumfeld, aber auch die Effizienz im operativen Geschäft verbessern sollen.

Solange unter den Geschäftsführern keine einheitlichen Unternehmensziele vorhanden sind, erscheinen diese Aktivitäten in den einzelnen Bereichen allerdings unkoordiniert und wirken ggf. sogar kontraproduktiv. So führt z. B. der geplante Ausbau der Controllingaktivitäten, unter die auch die geplante Einführung eines Target Costing und das verbesserte Projektmanagement gefasst werden können, in der geschilderten Situation nicht zwingend zu besserer Marktorientierung oder Effizienzsteigerung. Das Controlling kann zwar Entscheidungsgrundlagen liefern, die Entscheidungen selbst sind aber in der Verantwortung der Geschäftsführung so zu treffen, dass sie zur Erreichung der (unklaren) Unternehmensziele beitragen.

Als erste Maßnahme ist daher ein **Strategiecheck** anzuraten, in dem die Geschäftsführer eine klare Zielformulierung für das Unternehmen erarbeiten (Zeitraum 5–10 Jahre). Falls nicht vorhanden, sollten ebenfalls Leitsatz bzw. Vision und Mission Statements des Unternehmens formuliert werden. Eine SWOT-Analyse dient als nächster Schritt dazu, ein objektives Bild der externen und internen Situation der Automatisierung GmbH zu erzeugen. Hier können z. B. Marktkräfte analysiert, External Advisory und Innovation Scout Network befragt, Trendanalysen, Szenarios erarbeitet oder Fragen zur Marktsegmentierung beantwortet werden, um zukünftige Kundenerwartungen stärker zu berücksichtigen. In der internen Analyse können z. B. operative Einschränkungen, Verbesserungspotenziale, Prozessbarrieren, aber auch Wettbewerbsvorteile auf Basis von Kernkompetenzen, Kultur oder Organisation formuliert werden. Eine Konfrontationsmatrix ermöglicht dann die Ableitung von strategischen Handlungsoptionen für Offensiv-, Defensiv-, Anpassungs- und Überlebensstrategien mit dem Fokus auf die Erreichung der Unternehmensziele.

Bezüglich der grundsätzlichen **strategischen Stoßrichtung** des Unternehmens ist ein Grundkonsens zu erzeugen. So kann z. B. ein ausgewogener Mix an Strategieoptionen Meinungsdifferenzen zwar ausgleichen, eine eindeutige Fokussierung auf Offensivoptionen kann aber u. U. eine schnellere Erreichung der gesetzten Unternehmensziele ermöglichen. Sämtliche gewählten strategischen Handlungsoptionen sind mit konkreten operativen Maßnahmen/Projekten zu hinterlegen, welche gemäß der Priorisierung mit Budgets ausgestattet werden.

Erst nach Festlegung und Priorisierung der strategischen Handlungsoptionen wird auch die **Entwicklung eines Kennzahlensets** sinnvoll. Hier sollte, ähnlich wie bei der Entwicklung einer BSC, darauf geachtet werden, dass ein ausgewogener Mix zwischen monetären und nicht-monetären, strategischen und operativen sowie kurz- und langfristigen Zielen erreicht wird, der tangible und intangible Unternehmenswerte gleichermaßen berücksichtigt.

Erfahrungsgemäß fördert der geschilderte Strategieprozess das gegenseitige Vertrauen und die Zusammenarbeit der beteiligten Akteure und „schwört" das Unternehmen auf ein einheitliches Zielbild ein. Entlang des Prozesses bietet sich außerdem die Chance, die Belegschaft über geeignete Kommunikations- und Beteiligungsformate zu involvieren und weitere positive Effekte bzgl. Unternehmenskultur, Vertrauensbasis, Zusammenarbeit etc. zu fördern. Bereits der Strategieprozess kann so langfristig Effizienzpotenziale erschließen, z. B. über die Steigerung der intrinsischen Motivation der Belegschaft.

Im Controlling der Automatisierung GmbH ist auf Basis der bereits eingeführten Toolinnovationen eine organisatorische Klammer zu installieren. Eine Balanced Scorecard kann dies leisten und bietet darüber hinaus eine elegante Möglichkeit, unternehmensweit Kennzahlen zu kommunizieren und Transparenz über die Zielerreichungsgrade herzustellen. Wichtig ist dabei insbesondere die Kontinuität der Aktivitäten: Kennzahlen und Zielerreichung müssen regelmäßig überprüft und Budgets angepasst werden, wenn operativ oder strategisch nachgeregelt werden soll. Somit wird auch sichergestellt, dass keine Aktivitäten in „alte Zöpfe" investiert und diese rational begründbar eingestellt werden können.

Erst abschließend ist auch zu prüfen, inwiefern sich eine Reorganisation anbietet, um eventuellen Anforderungen an Ambidextrie strukturell oder kontextuell begegnen zu können und eine „Stetigkeitsstrategie" im Einklang mit hoher Innovativität auch organisatorisch bestmöglich abzubilden.

Dr. Matthias Handrich, Abteilung Consulting & Projects bei der Siemens AG, Mannheim

Für die Lösung der beschriebenen Fallstudie bietet es sich an, dreistufig vorzugehen:

- Darstellung der Ist-Situation
- Analyse der Herausforderungen
- Ableitung von Handlungsempfehlungen für das Management

Zuerst muss die **Ist-Situation dargestellt** werden. Die Automatisierung GmbH ist mit einem Jahresumsatz von 120 Mio. EUR und 750 Mitarbeiter ein klassisches Beispiel für ein kleines, mittelständisches Unternehmen im Bereich des Maschinen- und Anlagenbaus. Seine bisherige Stärke lag in der Entwicklung und Fertigung von kundenindividuellen Anlagen in Kleinserie (50 Anlagen/Jahr) in stark schwankender Größenordnung (Auftragssummen: von 1–10 Mio. EUR). Das Unternehmen verkauft seine Automatisierungslösungen weltweit und bedient drei Branchen: Anlagen für Automatisierung von Schweißtechnik, Montage- & Prüfanlagen für LKW-Getriebe und vollautomatisierte Montagestraßen für Haushaltsgeräte.

In einem zweiten Schritt müssen die **Herausforderungen analysiert** werden. Bevor man sich der Neugestaltung des Innovationscontrollings – wie von Frau Dr. Michalski gefordert – annehmen kann, ist es zwingend notwendig, sich über die derzeitige und zukünftige Unternehmensstrategie der Automatisierung GmbH Gedanken zu machen, da ein Innovationscontrolling ohne klare strategische Ziele keinen Sinn macht. Die Unternehmensstrategie kann aus dem Dreiklang Customer, Company, Competition (3C-Framework) abgeleitet werden:

Kunden- und Marktanalyse (Customer): Welche Kundengruppen in welchen Märkten bediene ich? Was sind die jeweiligen Kundenanforderungen (pro Segment und Branche) an meine Produkte und Lösungen? In welchen Ländern biete ich welche Produkte und Lösungen an? Gibt es noch „blind-spots“ d.h. Länder mit Marktpotenzial, die noch nicht bedient werden? Welche Markt- und Technologietrends existieren?

Interne Analyse (Company): Welche Kernkompetenzen hat die Automatisierung GmbH (z.B. Kern-Kompetenzen in der Systemintegration und Engineering bzw. individuellen Anpassung der Anlagen)? Welche zusätzlichen Stärken und auch Schwächen besitzt das Unternehmen (z.B. Schwäche: wenig Erfahrung in der Entwicklung und Fertigung von Produkten und Lösungen basierend auf standardisierten Komponenten)? Welche Synergieeffekte existieren zwischen den verschiedenen Produktlinien? Wie sieht die Profitabilität (z.B. Netto-Umsatzrendite, EBIT-Marge, …) meiner Produkte und Lösungen aus? Wie verteilt sich der Umsatz (regional oder nach Auftragsgröße)? Beispielsweise ergibt sich eine durchschnittliche jährliche Auftragssumme von 2,4 Mio. EUR (120 Mio. EUR Umsatz / 50 Anlagen pro Jahr). Welche Kultur und eingespielten Verhaltensweisen existieren bei der Automatisierung GmbH (z.B. nur 20 % der

Innovationsprojekte der letzten 10 Jahre wurden gestoppt, d.h. Ideen werden künstlich am Leben gehalten)?

Wettbewerbsanalyse (Competition): Welchen Hauptwettbewerbern sieht sich die Automatisierung GmbH in den jeweiligen drei Branchen gegenüber? Auf welchen Märkten sind diese Wettbewerber aktiv? Welche Produkte und Lösungen bieten die Wettbewerber an? Wie wettbewerbsfähig sind unsere eigenen Produkte im Vergleich zu denen der Wettbewerber? Welche M&A-Tätigkeiten haben die Wettbewerber in den letzten Jahren durchgeführt und welche Konsequenzen ergeben sich hieraus für die zukünftige Positionierung der Automatisierung AG in den jeweiligen Märkten?

Aufbauend auf den Ergebnissen des 3C-Frameworks wird die Unternehmensstrategie abgeleitet bzw. neu ausgerichtet. Basierend auf dem Fokus der neu ausgerichteten Unternehmensstrategie ist das Innovationscontrolling so auszurichten, dass die einzelnen Ziele dieser Unternehmensstrategie effektiv und effizient erreicht werden.

Nehmen wir einmal Folgendes an:

- Durch unsere Kundenanalyse erhalten wir die Informationen, dass unsere Montage- und Prüfanlagen für LKW-Getriebe zu teuer sind und auch nicht den Kundenanforderungen entsprechen in Bezug auf „Einfachheit der Bedienung“ sowie Lebensdauer.
- Basierend auf unserer Marktanalyse sehen wir, dass alle wichtigen Märkte für den Bereich „Schweißtechnik“ stark rückläufig sind. Im Gegensatz dazu existiert ein immenses Marktpotenzial insbesondere in den USA und Asien für vollautomatisierte Montagestraßen für Haushaltsgeräte. Auch der Markt für Montage- und Prüfanlagen für LKW-Getriebe wird global langfristig weiter wachsen.
- Durch unsere Trendanalyse haben wir erfahren, dass der Trend „Digitale Fabrik“ dazu führt, dass Kunden in Zukunft einen starken Fokus auf Automatisierungslösungen legen. Diese können zum einen remote gewartet werden, zum anderen von überall auf der Welt gesteuert werden. Bei diesen kommunizieren außerdem alle Komponenten miteinander digital und korrigieren bei Bedarf Fehler im Produktionsablauf eigenständig.
- Anhand der Wettbewerbsanalyse haben wir gesehen, dass unsere beiden Hauptwettbewerber ihr Portfolio stark auf vollautomatisierte Montagestraßen für Haushaltsgeräte ausgerichtet haben.
- Die Analyse der Kernkompetenzen hat ergeben, dass die Automatisierung GmbH stark in der Systemintegration und -applikation komplexer Lösungen ist. Im Gegensatz dazu sind weder die Produktion noch die nötige Standardisierung der Prozesse vorhanden, um große Mengen standardisierter Produkte und Anlagen zu produzieren und zu verkaufen.

Unter Berücksichtigung der oben dargestellten Ergebnisse der Analyse bzw. der Annahmen ergeben sich in einem dritten Schritt für das Management (und v.a. für das Innovationscontrolling) **folgende Handlungsempfehlungen**:

Für den Unternehmensbereich Anlagen für LKW-Getriebe: Aufgrund des ausreichend hohen zukünftigen Marktpotenzials wird die Entwicklung der

Automatisierung GmbH damit beauftragt, die Anlagen auf die aktuellen Kundenbedürfnisse anzupassen. Das Innovationscontrolling hat nun die Aufgabe, für eine effiziente Einsetzung der F&E-Ressourcen zu sorgen. Die anderen Innovationsprojekte im Bereich LKW-Getriebe werden gestoppt, um freie Ressourcen zu haben.

Für den Unternehmensbereich Anlagen für Haushaltsgeräte: Der Markt für Haushaltsgeräte wird sich langfristig sehr positiv entwickeln (insbesondere in USA und Asien). Der Wettbewerbsdruck ist enorm hoch und unsere Hauptwettbewerber expandieren. Um weiter wettbewerbsfähig zu sein und Marktanteile zu gewinnen, ist ein kontinuierliches Weiterentwickeln der vollautomatisierten Montagestraßen für Haushalsgeräte notwendig. Hierzu soll F&E-Budget freigegeben werden und der Innovationsprozess vom Innovationscontrolling überwacht werden.

Unternehmensbereich „Digitale Fabrik": Basierend auf den Ergebnissen der Trendanalyse sollte es weiterführende Aktionen geben, um das potenzielle Zukunftsfeld „Digitale Fabrik" zu untersuchen. Hierfür sollte das Innovationscontrolling drei Innovations-/F&E-Projekte in den Bereichen Remote control, Remote maintenance und Digital device communication aufsetzen. Nachfolgend ist der kontinuierliche Fortschritt der Projekte anhand quantitativer und qualitativer Kennzahlen zu messen.

Für den Unternehmensbereich Anlagen für Automatisierung von Schweißtechnik: Da der Markt für Schweißtechnik weltweit langfristig stark rückläufig ist, wird dieser Bereich geschlossen. Des Weiteren werden alle F&E-Aktivitäten in diesem Bereich durch das Innovationscontrolling eingestellt. Die freigewordenen Ressourcen an Mitarbeitern und Kapital werden für die zukünftigen Wachstumsfelder „Haushaltsgeräte" und „Digitale Fabrik" der Automatisierung GmbH genutzt.

Generell sollte darauf geachtet werden, dass die Kernkompetenzen der Automatisierung GmbH in der Systemintegration und -applikation komplexer Lösungen liegen und nicht in der Massenfertigung standardisierter Komponenten. Diesem Fakt muss auch ein Innovationscontrolling Rechnung tragen, indem es dies bei der Bewertung der Innovationsprojekte berücksichtigt (v. a. in der Kalkulation des jeweiligen Business Cases).

Generell gilt es bei der Bewertung der Innovationsprojekte eine Kombination aus qualitativen Kennzahlen (v. a. in frühen Innovations-Phasen, z. B. die strategische Bedeutung des Projektes für das Gesamtportfolio und die Unternehmensstrategie, ...) und quantitativen Kennzahlen (z. B. ROI, ROCE, ...) zu wählen. Zu dieser Steuerung und Bewertung der Innovationsprojekte sollte das bereits eingeführte Tool, welches auf dem bewährten Stage-Gate-Prozess basiert, genutzt werden.

Wichtig dabei ist eine konsequente Umsetzung – auch wenn dies bedeutet, dass viele Innovationsprojekte in frühen Phasen aufgrund schlechter Performance wieder gestoppt werden. Zur Kommunikation und weiteren Implementierung dieses Konzepts in die Mannschaft kann es notwendig sein, Trainings und Change Management-Workshops durchzuführen, damit sowohl Führungskräfte als auch Mitarbeiter den „Kulturwandel" vollziehen. Das Innovationscontrolling sollte hierbei eine Vorreiterrolle im Unternehmen einnehmen.

Lösungsvorschlag der Autoren

- Die Automatisierung GmbH ist ein gut im Markt etabliertes Unternehmen mit einigen Problemen, was die interne Steuerung und Ressourcenallokation betrifft.
- Die Einführung einer Innovation Balanced Scorecard ist anzuraten sowie der Ausbau des Innovationscontrollings.
- Ebenfalls ist die Durchführung eines Innovationscontrolling-Audits denkbar.

Ausgangssituation

Strategisch wird bei der Automatisierung GmbH in den drei Geschäftsbereichen Schweißanlagen, Montage- und Prüfanlagen für LKW-Getriebe sowie vollautomatisierte Montagestraßen für Haushaltsgeräte gearbeitet.

Der Umsatzschwerpunkt liegt aktuell beim eher neuen Geschäftsbereich der vollautomatisierten Montagestraßen für Haushaltsgeräte. Die beiden anderen, bereits seit vielen Jahren etablierten Geschäftsbereiche, sind umsatzbezogen stark rückläufig. Die Ressourcen im F&E-Bereich konzentrieren sich allerdings noch sehr stark genau auf diese beiden Bereiche, in der Hoffnung, durch neue und modernere Lösungen wieder Marktanteile und Umsätze zu gewinnen. Aktuell werden nur 10% der Entwicklungsaktivitäten in den dynamischsten und umsatzstärksten Bereich investiert.

Problemstellung

Mehrere Fragestellungen sind vom Management und Controlling dringend zu bearbeiten: Wäre es anzuraten, die F&E-Mittel zukünftig anders einzusetzen? Wie genau sollte ein Innovationscontrolling bei der Automatisierung GmbH aussehen? Außerdem ist zu klären, wie ein Innovationsreporting, differenziert in die verschiedenen Ebenen des Innovationscontrollings, ausgestaltet sein müsste. Welche möglichen Kennzahlen wären einzusetzen?

Lösungsansätze

Wie oben in der Ausgangssituation und im Fallstudientext skizziert, ist dringend anzuraten, die F&E-Mittel und Kapazitäten sehr viel stärker in das Zukunftsfeld der vollautomatisierten Montagestraßen für Haushaltsgeräte zu investieren. Nur dann wird vermutlich sichergestellt, dass die aktuelle Marktstellung sowie die gegenwärtigen Umsätze gehalten und ausgebaut werden können.

Statt nur 10% der Entwicklungsaktivitäten und -ressourcen sollten deutlich mehr als 50% in diesen Geschäftsbereich investiert werden. Dies erfordert eine Neuausrichtung des F&E-Bereichs mit Mitarbeiterumsetzungen und ggfs. auch Neueinstellungen und Entlassungen von Ingenieuren – sofern bestimmte Qualifikationen im Unternehmen nicht vorhanden bzw. nicht mehr erforderlich sind.

Die Entwicklungsinvestitionen in die beiden Bereiche „Schweißanlagen" und „Montage- und Prüfanlagen für LKW-Getriebe" sollten zukünftig genau geprüft und auch marktbezogen abgesichert werden. Hierzu sind Wettbewerber-, Kundenbedarfs- und Marktpotenzialanalysen durch Vertrieb und Controlling dringend erforderlich. Nur dann kann final durch das Management abgeschätzt werden, ob zukünftig noch ein relevanter Markt existiert und auch der vom Markt verlangte Technologiestatus durch die Automatisierung GmbH realisiert werden kann.

Zudem fällt grundsätzlich auf, dass anscheinend keine Innovationsstrategie sowie keine „Innovation Balanced Scorecard" existieren, an denen sich die verschiedenen Innovations- bzw. die Forschungs- und Entwicklungsaktivitäten ausrichten könnten. Dies erklärt auch das Festhalten am Althergebrachten bei der Automatisierung GmbH und dem daraus abgeleiteten Ressourceneinsatz. Positiv sind der beschriebene Einsatz eines modernen Innovationsprojektcontrollings sowie der angestrebte Aufbau des Target Costing zu sehen.

Anzuraten ist allerdings die Konzeption eines Innovationscontrollings, welches über die alleinige Betrachtung der Innovationsprojektperformance hinausgeht (vgl. *Abb. 52*). Besonders bei der Automatisierung GmbH sollte in Tools und Konzepte für eine differenzierte Innovationsportfoliobetrachtung investiert werden. Hierbei ist genau zu überlegen, welche Projekte noch weiterentwickelt und welche gestoppt oder „geparkt" werden sollten. Genau solche Empfehlungen sind vom Innovationscontrolling zu erarbeiten und im Dialog mit dem Management zu verteidigen.

Dies scheint auch angesichts der viel zu geringen Abbruchquote der Innovationsprojekte bei der Automatisierung GmbH und der Verzettelung der Entwicklungsressourcen auf die vielen einzelnen noch aktiven Projekte nötig.

Die Anwendung eines intelligenten Innovationsportfolio-Managements würde unzweifelhaft die wenig potenzialorientierte Verteilung der Entwicklungsressourcen thematisieren. Voraussetzung dafür ist allerdings die Existenz einer Strategie sowie die Definition der Innovationsfelder der Zukunft anhand derer die Ergebnisse der Innovationsprojekt-Portfolioanalysen gespiegelt werden können.

Eine weitere zu betrachtende Ebene des Innovationscontrollings ist die Innovationsmanagementebene. Die Aufgabe des Innovationscontrollers wäre hierbei eine Systemprüfung. D. h. es ist die Frage zu stellen, ob alle notwendigen Teilsysteme des Innovationsmanagements vorhanden und die verschiedenen Teilsysteme inhaltlich Umfeld-geeignet ausgeprägt sind und deren Zusammenspiel funktioniert.

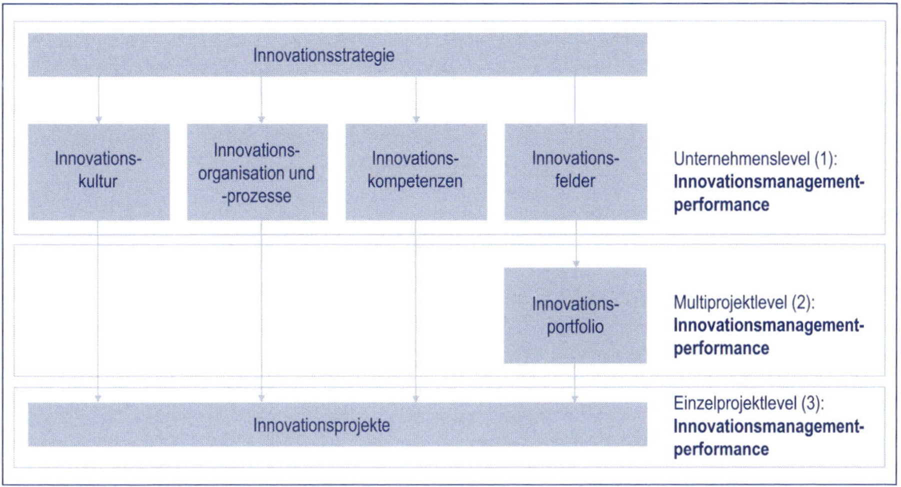

Abb. 52: Mögliches Konzept eines Innovationscontrollings (vgl. Gleich/Schentler/Lindner 2010 sowie Horváth/Gleich/Seiter 2015, S. 422)

Ein gutes Innovationsmanagement, so zeigt die empirisch geprägte Literatur (vgl. z. B. die Ergebnisse des DEKRA-Innovationsbarometers in *Abb. 53*), umfasst die ausgeprägten Teilsysteme

- Innovationsstrategie und daraus abgeleitete Innovationsfelder,
- Innovationsmarketing,
- Innovationsorganisation und -prozesse,
- Innovationskultur sowie
- ein auf drei Ebenen bezogenes Innovationscontrolling.

Besonders innovationsstarke Unternehmen versuchen das Innovationsmanagement in dieser Breite zu etablieren (vgl. *Abb. 53*). Somit hat das Innovationscontrolling einen Ankerpunkt für die notwendigen Planungs- und Steuerungsaktivitäten.

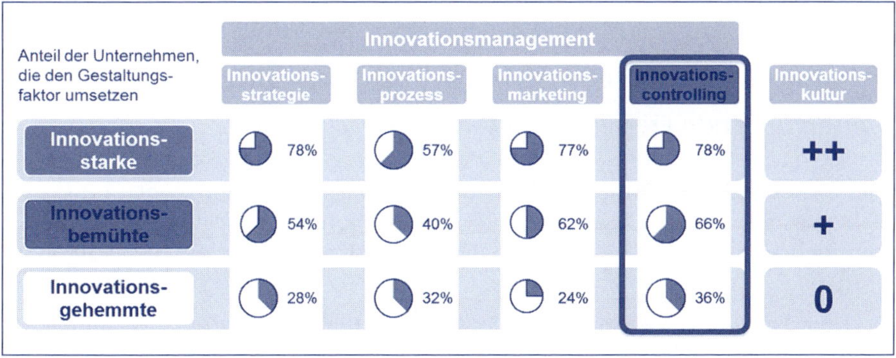

Abb. 53: Ausgestaltung des Innovationsmanagements bei innovationsstarken Unternehmen (vgl. Schmidt, Gleich 2009)

Instrumentenbezogen ist dem Management der Automatisierung GmbH auch zu empfehlen, ein am 3-Ebenen-Modell ausgerichtetes Innovationsreporting mit ebenenspezifischen Kennzahlen einzuführen. Ein Weiterentwicklungsschwerpunkt würde sicherlich auf den Ebenen „Innovationssystem" und „Innovationsportfolio" liegen. Die Ausführungen oben hinsichtlich der Innovationsprojektebene legen diesbezüglich nur wenig Handlungsbedarf nahe.

Abb. 54 zeigt – orientiert am IPOO-Framework (Input/Process/Output/Outcome, vgl. *Brown/Svenson* 1988) – Beispiele für Kennzahlen auf.

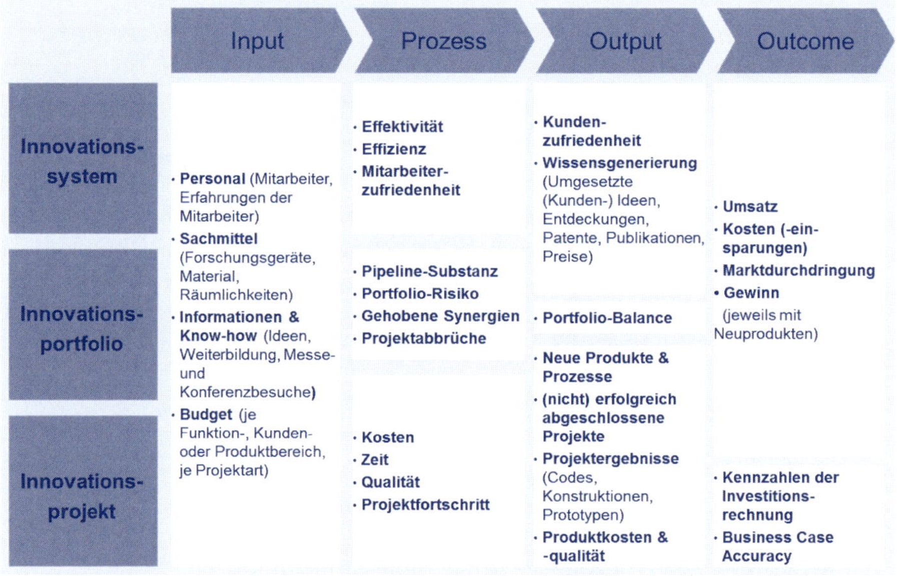

Abb. 54: Mögliche Kennzahlen für ein Innovationscontrolling bei der Automatisierung GmbH (vgl. Munck/Robers 2015, S. 55)

Um einen ersten Orientierungspunkt über den Stand des Innovationscontrollings sowie Weiterentwicklungsnotwendigkeiten im Unternehmen zu bekommen, könnte bei der Automatisierung GmbH auch ein Innovationscontrolling-Audit durchgeführt werden (vgl. *Horváth/Gleich/Seiter* 2015, S. 423).

Weiterführende Fragestellungen

Die vorliegende Fallstudie umfasst das gesamte Innovationscontrolling und nicht nur den Forschungs- und Entwicklungsbereich als Betrachtungsobjekt. Dennoch könnte auch dort bezogen auf das Controlling einiges aufgebaut werden:

- Wie könnte eine Prozesskostenrechnung im F&E-Bereich der Automatisierung GmbH aussehen? Welche Outputs sollten im Mittelpunkt der Controllertätigkeit stehen?

- Wie könnte das Zusammenspiel zwischen dem Innovations- und dem F&E-Controller bzw. deren Zusammenspiel mit dem zentralen Controlling aussehen? Bietet sich ggfs. auch eine zentrale Lösung anstatt der hier postulierten dezentralen Controllinglösung an? Welche Argumente könnten dafürsprechen?

7 Corporate Governance

Hinführung

Ein Unternehmen benötigt zur Wahrnehmung von Führung und Steuerung einen Ordnungsrahmen. Dies ist in wichtigen Aspekten auch juristisch definiert. So schreibt z. B. das Aktiengesetz (§ 91 Abs. 2 AktG) vor: „Der Vorstand hat geeignete Maßnahmen zu treffen, insbesondere ein Überwachungssystem einzurichten, damit dem Fortbestand der Gesellschaft gefährdende Entwicklungen früh erkannt werden."

Führung und Management müssen sich systematisch und organisiert mit den das Unternehmen gefährdenden Risiken auseinandersetzen („Risikomanagement").

Die Interne Revision hat dabei die Aufgabe, die Wirksamkeit des Risikomanagements als „prozessunabhängiges" Organ zu überprüfen. Die Interne Revision ist ein wesentlicher Teil des unternehmerischen Überwachungssystems.

Das Controlling muss sich im Rahmen von Planung, Steuerung, Kontrolle und Reporting natürlich auch mit den Risiken und ihrer Bewertung befassen. Wichtig ist, dass sich im Unternehmen alle Beteiligten aufeinander abgestimmt dem Thema „Risiko" zuwenden (Beispiel: „Three lines of Defence-Modell").

Weiterführende Informationen in unserem Lehrbuch

In Kapitel 7: Controlling und Interne Revision (Kap. 7.3) sowie Controlling und Risikomanagement (Kap. 7.4).

Fallstudie 10: Huber GmbH – Nutzen schaffen durch Interne Revision der Risiken

Huber GmbH	
Branche	Konsum- und Investitionsgüter vorwiegend aus der Elektrotechnik
Umsatz	60 Mrd. EUR
Mitarbeiter	300.000 Mitarbeiter

Dr. Nikolaus Schulz, der CFO der Huber GmbH hat ein folgenschweres Gespräch mit dem Chef seiner Wirtschaftsprüfungsgesellschaft gehabt. Die Huber GmbH hatte im Vorjahr unerwartet einen großen Umweltvorfall gekoppelt mit Korruptionsvorwürfen in Brasilien zu beklagen (Schaden: 30 Mio. EUR!). Der Wirtschaftsprüfer hat ihm den Fall aus seiner Wahrnehmung geschildert und dabei auf Mängel im Governance-System von Huber hingewiesen.

Dr. Schulz hält viel von den „Three Lines of Defence" seines Hauses (vgl. *Abb. 55*), er will aber prüfen lassen, welche Wirksamkeitssteigerungen hier möglich wären. Er will allerdings gleichzeitig einen „Overkill" durch kostenträchtige zusätzliche Kontrollen vermeiden. „Wir brauchen einen messbaren Nutzen der Revision!" lautet seine Forderung.

Die Huber GmbH ist ein erfolgreiches globales Unternehmen mit ca. 300.000 Mitarbeitern und einen Jahresumsatz von ca. 60 Mrd. EUR. Sie ist in 120 Ländern tätig, davon in 50 Ländern mit Produktionsstandorten. Die Gruppe umfasst ca. 500 Tochtergesellschaften und wird in fünf Geschäftsbereiche aufgeteilt. Eine Holding in der Rechtsform einer GmbH mit Sitz in Westdeutschland lenkt das Unternehmen. Das Unternehmen wurde 1905 von Alfons Huber gegründet.

Huber ist stolz darauf, in Sachen Compliance Vorreiter in Deutschland zu sein. Es gibt ein weltweit geltendes „Code of Business Conduct" verbunden mit einer globalen Compliance-Organisation. Dr. Schulz hat ein Gespräch mit Manfred Klein, dem Leiter der Konzernrevision anberaumt, in dem er ihn zunächst über das Gespräch mit dem Wirtschaftsprüfer informiert. Er überreicht Herrn Klein auch eine Broschüre der Wirtschaftsprüfungsgesellschaft mit dem Titel „Nutzen schaffen mit der Internen Revision". „Lesen Sie das mal, ist sehr informativ", meint er. „Wir müssen unsere Interne Revision auf den Prüfstand stellen und die Revisionsprozesse noch wirksamer gestalten, damit uns nicht nochmal ein Fall Brasilien passiert".

Herr Klein weist auf die Herausforderungen seines Teams hin: „Wir sind eine kleine Mannschaft, die weltweit in 500 Geschäftseinheiten agieren muss. Hinzukommt, dass uns das jeweilige Management nicht immer mit offenen Armen empfängt, weil man in uns in erster Linie nur einen Kontrolleur und Kostenverursacher sieht". Dr. Schulz bestätigt: „Das ist es! Sie müssen es schaffen, weltweit auf unsere Risiken zu fokussieren und gleichzeitig sowohl dem lokalen Management als auch der Konzernführung einen konkreten Nutzen zu bieten!".

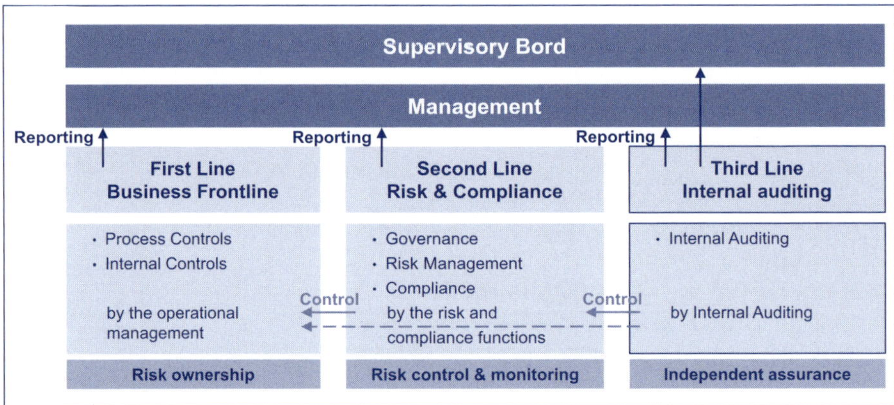

Abb. 55: Internal Auditing der Huber GmbH

Herr Klein will mit seiner Mannschaft die Aufgabe angehen. Die Herren vereinbaren einen zeitnahen Termin, um dann die Ergebnisse dem Vorstand zu präsentieren. Herr Klein resümiert für sich: „Es kommt darauf an, unseren Nutzenbeitrag operativ zu verkörpern".

Die Zentralabteilung Interne Revision bildet ein Hauptelement in dem System der Überwachung bei Huber. Unmittelbar in den operativen Prozessen sorgen prozessbezogene und interne Kontrollen für Sicherheit und Wirtschaftlichkeit. Die Bereiche Controlling, Risikomanagement und Qualitätssicherung bilden die zweite „Verteidigungslinie". Nicht zu vergessen ist die Zentralabteilung für Compliance. Die Interne Revision hat als dritte Linie organisationsweit die Wirksamkeit der beiden ersten Verteidigungslinien zu prüfen und zu gewährleisten. Im Fokus ihrer Prüfungen stehen Risiken und Compliance.

„Im Modell der ‚Three Lines of Defence' stellen wir die dritte Verteidigungslinie dar."

Manfred Klein, Leiter der Konzernrevision des Huber Konzerns

Kleins größte Herausforderung ist es, die immer komplexer werdenden Prüfungsaufgaben mit einer Mannschaft von nur 67 Personen weltweit zu bewältigen *Abb. 56* zeigt die Vision, *Abb. 57* die Struktur und *Abb. 58* die Strategie des Internal Auditing bei Huber.

Eine selbstkritische Bestandsaufnahme der Revisionsarbeit ergibt nach langen Diskussionen in Teammeetings der Zentralrevision wichtige Befunde:

- Die Prüfungen sind „State of the art" und werden im Sinne der Richtlinien des Deutschen Instituts für Interne Revision e. V. konzipiert und durchgeführt.

Huber
Internal Auditing: Our Vision

We serve as a core element of the Huber Risk Management.

We continuously promote risk management by an independent assessment and by facilitating capable processes through a proactive approach.

We strive to develop future leaders.

Abb. 56: Vision des Internal Auditing

- Der ex post-Fokus und die Bemühung, regelmäßige flächendeckende Vollprüfungen durchzuführen, dominiert.
- Das Thema Gestaltung der „Risikoprüfungen" ist noch ausbaufähig.
- Das Thema IT-Risiken und -Sicherheit ist ausbaufähig.
- Der Revisionsbereich leidet unter Überlastung.
- Bei manchen Themen sind Redundanzen festzustellen, weil dort andere Bereiche ebenfalls aktiv sind, andererseits sind „blinde Flecken" nicht auszuschließen.
- Die Wertschätzung der Revisionsarbeit seitens der Führung und des Managements ist nicht immer gegeben.

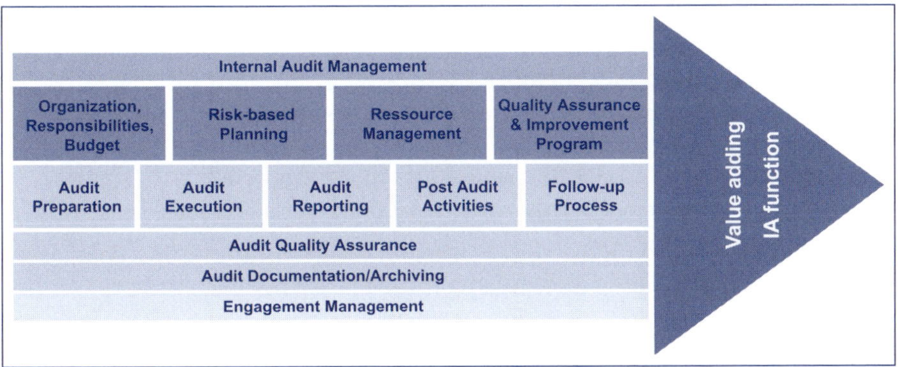

Abb. 57: Internal Auditing

Der Revisionsbereich unter der Leitung von Herrn Klein will nun ein Konzept entwickeln, das unter Beachtung der eigenen Kapazitätsrestriktionen stärker zukunfts- und risikoorientiert ist. Auch die eigenen Prozesse sollen verbessert werden. Das Konzept soll für Führung und Management mehr entscheidungsrelevante Informationen, vor allem über Risiken, liefern und auf diese Weise nutzenstiftend sein.

„Unser Hauptgrundsatz soll heißen: Agilität!"

Manfred Klein, Leiter der Konzernrevision des Huber Konzerns

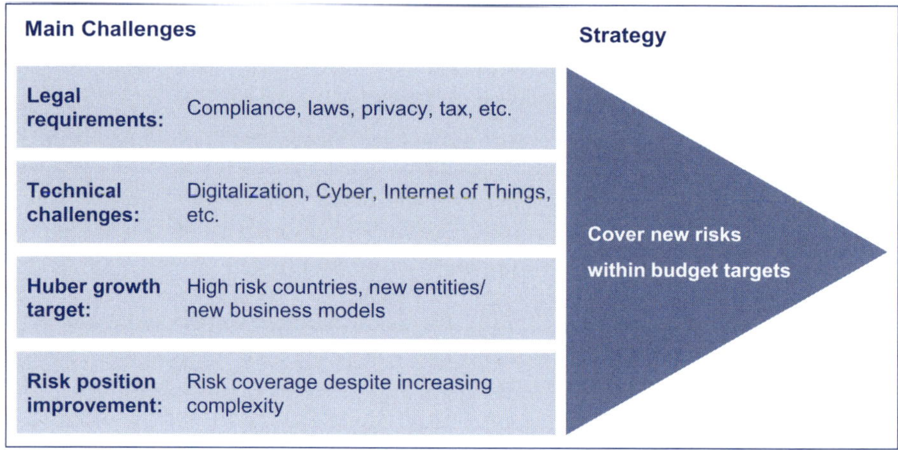

Abb. 58: Strategie des Internal Auditing

Bevor man nun in der Revision an die Arbeit geht, organisiert Herr Klein ein Meeting mit Herrn Dr. Erwin Gross, dem Leiter des Zentralcontrollings, Frau Beate Fröhlich, die das Thema Compliance weltweit betreut, Herrn Ullrich Traube, dem IT-Chef des Gesamtunternehmens und Herrn Bernhard Röcher, der in der Zentrale Grundsätze des Risikomanagements entwickelt.

Das Gespräch zeigt einerseits, dass im Hause Huber grundsätzlich einheitliche Vorstellungen zu den Themen „Compliance" und „Risiko" bestehen, andererseits aber noch Umsetzungsherausforderungen zu meistern sind. Herr Traube meint dazu: „Bei zunehmender Connectivity sehen wir hohe Risiken in der Datensicherheit", worauf Herr Klein zugeben muss: „Angesichts dieser Herausforderungen sind wir in der Revision schwach auf der Brust".

Drei Punkte werden festgehalten:

- Die Interne Revision muss sich besser mit Controlling und Risikomanagement abstimmen. Die Arbeitsteilung muss klar sein.
- Die Prüfungen der Internen Revision müssten stärker auch „advisory"-Aspekte beinhalten, ohne eine interne Unternehmensberatung zu werden.
- Die Themen IT-Sicherheit und -Risiken müssen systematischer und intensiver geprüft werden.

Herr Klein will die genannten Punkte in das zu entwickelnde Konzept „Agile Revision" einbauen. Er will auch eine effiziente Lösung zu risikoorientierten Prüfungen für die kleinen Einheiten des Konzerns entwickeln, die seine Mannschaft „stemmen" kann. Es muss allen im Konzern klar werden, wie wichtig der Wertbeitrag der Internen Revision ist.

„Unser Wertbeitrag ist ein doppelter: Wir helfen Risiken zu reduzieren und Prozesse zu verbessern!"

Manfred Klein, Leiter der Konzernrevision der Huber GmbH

Lösungsvorschläge von Experten aus der Praxis

Dr. Wolfgang Russ, Wirtschaftsprüfer und Steuerberater, Partner bei Ebner Stolz, Stuttgart

„Quality means doing it right when no one is looking" (Henry Ford) – nach den aktuellen Vorfällen schauen nun allerdings fast alle innerhalb der Huber GmbH auf die Interne Revision und Herrn Klein: Ob die Revisionsabteilung die Vorfälle in Brasilien als eine willkommene Chance zur Verbesserung nutzt oder einfach nur als peinliche Panne verbucht, hängt von den nächsten Schritten ab.

Um die Forderung des CFO Dr. Schulz nach messbarem Nutzen der Revision zu erfüllen und daneben auch die Wertschätzung für die Revision insgesamt zu erhöhen, will der Revisionsbereich aktuell ein Konzept „AGILE REVISION" entwickeln, das unter Beachtung der Kapazitätsrestriktionen eine **stärkere Zukunfts- und Risikoorientierung der Internen Revision** erreichen soll und als Ergebnis der Tätigkeit mehr entscheidungsrelevante Informationen, vor allem über Risiken, bereitstellen soll. Das ist ein zielführender Ansatz. Außerdem ist es Herrn Klein auch schon gelungen, die Vernetzung mit und das Verständnis der anderen Bereiche für die Revisionsabteilung zu verbessern. Nach gemeinsamer Diskussion bestehen erfreulicherweise bereits grundsätzlich einheitliche Vorstellungen zu Compliance und Risiken in den Bereichen Interne Revision – Controlling – Compliance – Risikomanagement – IT.

Weiterhin erscheint der Konzern als Vorreiter in Sachen Compliance, legt mit dem „Three Lines of Defence"-Konzept ein adäquates Verständnis zugrunde und kann auf eine Revisionsorganisation zurückgreifen, die in ihren Prüfungen „State of the art" im Sinne der Vorgaben des Expertengremiums DIIR agiert. Das sind eigentlich auch gute Voraussetzungen. Wie ausgereift und effektiv eine Interne Revision ist und welche Verbesserungen möglich sind, wurde zuletzt in einer aktuelle Studie „Global Internal Audit Common Body of Knowledge (CBOK)-Benchmarking Internal Audit Maturity" des Institute of Internal Auditors untersucht. Wichtige Aspekte einer effektiven Internen Revision sind hiernach gut ausgebildetes und motiviertes Personal, die strikte Bewahrung der Unabhängigkeit, die Nutzung neuester Technologien zur Datenanalyse, professionelle Kommunikation zu allen Beteiligten (geprüfte Einheiten, Geschäftsführung, Aufsichtsorgan) und ständige Weiterbildung.

Die von Herrn Klein bisher eingeleiteten Maßnahmen zeigen vor diesem Hintergrund noch deutliche Lücken. Die gesteigerte Aufmerksamkeit der Unternehmensführung und der oberen Managementebenen sollte insgesamt zu einer weitergehenden Neuausrichtung der Strategie, Ressourcen und Vorgehensweise des Revisionsprozesses genutzt werden. Trotz der selbstkritischen Bestandsaufnahme wird nämlich auf einige der wesentlichen Herausforderungen der aktuellen Situation noch keine Antwort gesucht:

Erstens muss auf strategischer Ebene die Forderung von CFO Dr. Schulz an die Revision, **weltweit auf die Risiken der Huber-Gruppe zu fokussieren** und gleichzeitig sowohl dem lokalen Management als auch der Konzernführung einen konkreten bzw. messbaren Nutzen zu bieten, als Maßstab verstanden werden. Ausgehend von den Befunden des Teammeetings lässt sich bereits konstatieren, dass sich dies nicht mit dem bisherigen Konzept, regelmäßige flächendeckende Vollprüfungen durchzuführen, vereinbaren lässt. Die in der (neuen) Strategie bereits erfassten Herausforderungen (Abdecken der grundlegenden rechtlichen bzw. Bewältigen der neuen technischen Anforderungen, Wachstumsziele in Risikoländern mit neuen Geschäftsmodellen/Einheiten, generelle Verbesserungen der Risikoposition trotz steigender Komplexität) müssen auch der Neufokussierung zugrunde gelegt werden. Die relevanten Risiken der Huber GmbH sind so zu identifizieren, aber auch das bisherige Audit Universe als Gesamtheit der Prüfungsgegenstände ist entsprechend zu modifizieren, sodass in Zukunft neben Vollprüfungen von rechtlichen Einheiten auch Prozesse, Querschnittsbereiche (IT, IT-Sicherheit), Themen (z. B. Connectivity) und einzelne Transaktionsarten als Prüfungsgegenstand untersucht werden.

Unter strategischer Perspektive weisen die bisherigen Aktivitäten allerdings noch zwei weitere Defizite auf: Wenn in der Bestandsaufnahme bereits von Redundanzen aus der Arbeit anderer Bereiche an der einen Stelle und von möglichen „blinde Flecken" an der anderen Stelle gesprochen wird, wäre doch auf Bereichsebene bei der Huber-Gruppe z. B. zu hinterfragen, welcher Zuordnung die in Brasilien einschlägige Themenkomplexe „Umweltvorfall" und „Korruptionsvorwürfe" im bisherigen Verständnis unterlagen und ob hier ggf. ein „blinder Fleck" vorlag.

Offenbar bestanden zumindest derartige Schwächen in der (lokalen?) Compliance-Organisation oder bei den bisher durchgeführten Revisionsprüfungen, sodass wirkungsvolle präventive Maßnahmen nicht ergriffen werden konnten und auch eine Entdeckung nicht erfolgte. Insbesondere im Bereich von Umweltrisiken wäre zu erwarten, dass bei mutmaßlich klarer Gesetzeslage und definierter Betriebstätigkeit entsprechende Risiken regelmäßig auch in den Fokus genommen hätten werden müssen.

Weiterhin hat in der bisherigen Aufarbeitung offenbar noch keine echte „Root cause"-Analyse der Vorgänge durch interne Ressourcen und vor Ort in Brasilien stattgefunden. Hier wäre auf jeden Fall nochmals nachzuarbeiten und die genannten Mängel im Governance-System genauer zu identifizieren sowie ggf. auch das direkte Gespräch mit dem Management bzw. den Beteiligten in der lokalen Einheit und dem – offensichtlich detaillierter informierten – Wirtschaftsprüfer zu suchen. Es ist empfohlen, hierzu ein eigenständiges Projekt aufzusetzen, aus dessen Erkenntnissen die Weiterentwicklung der Revisionsfunktion mit klarem Feedback und mit „Lessons learned" sicherlich unterstützt werden kann.

Zweitens erscheint auf Ebene **der zur Verfügung stehenden Ressourcen der Revisionsbereich hinsichtlich der Personalzahl** in einer ungünstigen Situation. In einer älteren Studie (bezogen auf Deutschland) wurde in der Investitionsgüterbranche ein Verhältnis von 0,6 Revisionsmitarbeitern pro 1.000 Beschäftigten ermittelt (das ergäbe rechnerisch 180 im Vergleich zu bisher 67 Mitarbeitern). Informationen über die Anzahl der Mitarbeiter der Revision, z. B. bei den Konzernen Siemens, Bosch oder Daimler, weisen teilweise sogar auf ein noch höheres Verhältnis hin. Insoweit wäre der Revisionsbereich mit aktuell 67 Mitarbeitern deutlich unterbesetzt. Unternehmensgruppen in der Größenordnung der Huber GmbH strukturieren die Revision auch häufig in eine zentrale Revision, weitere dezentrale/lokale Einheiten sowie in Spezialisten-Teams (IT-Audit). Als kurz- und mittelfristige Lösung dieses Problems wäre eine Outsourcing-Lösung mit einem qualifizierten Revisionsdienstleister vorzuschlagen, wie es 38% der in einer weiteren Studie des Institute of Internal Auditors untersuchten Unternehmen bereits praktizieren.

Langfristig wäre ein Aufbau weiterer eigener und ggf. auch lokaler Ressourcen vorzunehmen. Hierbei ist ein Schwerpunkt bei den IT-affinen Qualifikationen zu setzen. Einerseits um die Themen wie Digization und Cybercrime selbst bewältigen zu können bzw. zumindest kompetenter Ansprechpartner für externen Spezialisten sein zu können – andererseits um im Rahmen einer stärker IT-basierten oder IT-gestützten Revision Effizienzgewinne zu erzielen. Organisatorisch erscheint der Bereich durch die direkte Zuordnung zur Unternehmensführung und die weitgehende Eigenverantwortlichkeit angemessen positioniert.

Drittens erfolgt die Vorgehensweise bzw. der Revisionsprozess selbst laut eigener Angabe gemäß „State of the art" und beinhaltet laut Prozessmodell auch Follow up-Aktivitäten in angemessenem Umfang. Um die Praxis tatsächlich einmal in einer aktuellen Bestandsaufnahme zu analysieren, würde hier unter Umständen eine **externe Evaluation** wie ein Quality Assessment weiteren Erkenntnisgewinn versprechen. Unter Umständen sollte zur Umsetzung einer verstärkten, bereichsübergreifenden Zusammenarbeit die (jährliche bzw. mehrjährige) Revisionsplanung nochmals mit den anderen Bereichsleitern diskutiert werden. Zur Erhöhung der Akzeptanz der Revisionsabteilung bieten sich auch eine Intensivierung der Vorab-Kommunikation (außer in Fraud-Fällen) und die Diskussion eines ergänzenden Vorschlagsrechts für (lokale) Risikothemen an, um so das lokale Management stärker als Stakeholder einzubinden.

Vor dem Hintergrund der zahlreichen (auch vergleichsweise) kleinen Einheiten wäre die Einführung eines „Control self assessment"-Prozesses eine überlegenswerte Ergänzung, die als Erweiterung des bisherigen, reinen ex post-Ansatzes im Zusammenspiel mit verstärkten IT-Ressourcen die Richtung zum „continuous auditing" weisen kann.

Trotz der Komplexität und Größe der Abteilung wird bisher auf externe Unterstützung verzichtet und der Versuch unternommen, allein durch Bordmittel, d.h. im Wesentlichen durch die Abteilung selbst, eine Verbesserung zu erreichen. Dies wird aufgrund der eingeschränkten Ressourcen nicht zum Erfolg führen. Besser wäre es, im Rahmen eines externen Quality Assessments die Rahmenbedingungen des Revisionsbereichs des Konzerns genauer analysieren zu lassen und parallel auf eine partielle Outsourcing-Lösung zurückzugreifen. Um die Messbarkeit des Nutzens der Revision transparenter zu machen, sollte eine „Total cost of assurance"-Analyse interne und externe Governance-Kosten jährlich ermitteln und untersuchen. Der dem Konzept aktuell vorangestellte Hauptgrundsatz „Agilität" erscheint daher insgesamt als nicht ganz zutreffend zur Wiedergabe einer echten Neuausrichtung gewählt: Die zukünftigen Anforderungen machen eher einen kontinuierlichen Aufbau und klare „Fokussierung" notwendig als übereiltes oder schnelles Handeln.

Tobias Albrecht, CIA/CRMA, Partner bei EY Advisory, Stuttgart

Entsprechend der Definition soll eine Interne Revision unabhängige und objektive Prüfungs- und Beratungsdienstleistungen erbringen, welche darauf ausgerichtet sind, Mehrwert zu schaffen und Geschäftsprozesse zu verbessern. Sie soll die Organisation bei der Erreichung ihrer Ziele unterstützen, indem sie mit einem systematischen und zielgerichteten Ansatz die Effektivität des Risikomanagements, der Kontrollen und der Führungs- und Überwachungsprozesse bewertet und hilft, diese zu verbessern.

Die Huber-Revision steht diesbezüglich vor drei zentralen Herausforderungen:

- Mehrwert wird durch die Abteilung aktuell nicht ausreichend geschaffen und die Zielerreichung der Gruppe nur teilweise unterstützt,
- die Abdeckung relevanter Risiken ist eingeschränkt (IT-Risiken, Schadensfall Brasilien) und
- die Huber-Gruppe verändert sich permanent und zeichnet sich durch hohe Dynamik u. a. in rechtlichen und technischen Feldern aus. Das Prüfungsobjekt wird zu einem „moving target".

Das Konzept „Agile Revision" sollte daher u. a. folgende Elemente beinhalten:

- Neuausrichtung von Vision und Strategie,
- Erstellung einer flexiblen wert- und risikoorientierten Prüfungsplanung,
- Neuordnung der Organisation,
- Nutzung agiler Methoden für Prüfungsprojekte und
- Nutzung einer „Value Scorecard".

Die **Vision und die daraus abgeleitete Strategie** – aktuell eher als Ziel formuliert – **sollten überarbeitet werden** und die zukünftige Zielsetzung der Revision eindeutig reflektieren (vgl. *Abb. 59*).

Aufgrund der beschränkten Kapazitäten sollte aus Vision und Strategie klar hervorgehen, wo die Leistungsbereiche der Revision liegen und wo diese enden. Potenziell wertschöpfende Bereiche dürfen nicht dem primär wertschaffenden Mandat der Prüfung vorgezogen werden. Ebenso wenig sollten Aufgaben der 1st oder 2nd Line of Defence übernommen werden (z. B. gruppenweites Risikomanagement, flächendeckende Überwachung der Compliance oder des Internen Kontrollsystems).

Die **Revisionsplanung sollte konsequent wert- und risikoorientiert erfolgen**. Unter Risiko ist hier die Nichterreichung wesentlicher kurz-, mittel- und langfristiger Ziele der Huber GmbH zu verstehen. Auf diesem Weg haben alle relevanten Aspekte mit Bedeutung für die erfolgreiche Umsetzung der Konzernstrategie die Möglichkeit, als Prüfungsobjekt aufgenommen zu werden. Ausnahmen hiervon können im Einzelfall existieren, z. B. ex post-bezogene Prüfungsaufträge, in welchen aufklärende Transparenz erforderlich ist (z. B. Betrugsfälle). Das bedeutet für die Huber-Revision u. a.:

- Flexibilität der Planung erhöhen – z. B. über einen rollierenden 3+9-Ansatz, der für die nächsten drei Monate Revisionsprüfungen festlegt und für weitere neun Monate lediglich eine Themenliste an relevanten Prüfungen ent-

Visionselemente sollten hierbei sein:	Strategieelemente sollten hierbei sein:
• Die Revision erbringt einen erkennbaren, unverzichtbaren Wertbeitrag und unterstützt die Huber-Gruppe bei der Umsetzung ihrer Strategie • Die Revision ist ‚preferred advisor' für Fragen der Governance, Internen Kontrollen und des Risikomanagements in angestammten und neuen Geschäfts- und Risikofeldern. • Die Revision arbeitet überschneidungsfrei und wirkungsverstärkend mit anderen (Risiko-) Funktionen der Organisation zusammen.	• Aufbau einer agilen Aufbau- und Ablauforganisation • Gewinnung, Entwicklung und Abgabe von hochqualifizierten Mitarbeitern • Fokussierung auf wesentliche Treiber des künftigen Unternehmenswerts • Risiko- und wertorientierte Ausrichtung der Revisionstätigkeit • Überwachung der 2nd Line of Defense bzgl. Vollständigkeit und Wirksamkeit, einschl. dort verankerter Überwachungsprozesse. (Vor dem Hintergrund des Vorfalls in Brasilien sollte dabei u.a. geprüft werden, ob das Interne Kontrollsystem (inkl. Risikoeinschätzung, Richtlinien und Kontrollaktivitäten) sowie die damit verbundenen Überwachungsprozesse angemessen konzipiert und gruppenweit wirksam umgesetzt sind.)

Abb. 59: Visionselemente und Strategieelemente

hält. Im Gegensatz zu einer rigiden, einmalig freigegebenen Jahresplanung ermöglicht dies, schnell und bedarfsorientiert Prüfungen durchzuführen.

- Aktualität des Audit Universe gewährleisten – z. B. über eine regelmäßige Vollständigkeitsprüfung in Bezug auf neue Projekte, Geschäftsmodelle, Geschäftspartner oder Gesellschaften.
- Agilität im Audit Universe erhöhen – z. B. anstelle alle 500 Gesellschaften der Gruppe als mögliche Audit-Objekte festzulegen, sinnvolle Cluster bilden (z. B. fünf Klassen von Vertriebseinheiten) und auf diesem Weg die Anzahl der Auditobjekte für eine beschleunigte initiale Planung reduzieren. Auf Grundlage einer ersten schnellen Planungsrunde kann in einer zweiten Runde individuell hinsichtlich des Prüfungsziels geplant werden.
- 'Time to Audit' reduzieren – z. B. durch geänderte Planungsprämissen die Rüstzeiten von Prüfungsentscheidung bis Prüfungsbeginn verringern. Hierbei helfen agile Organisationselemente (s. u.), aber auch neutrale Prüfungskonzepte, die für wiederkehrende Prüfungsgebiete vorgehalten werden (z. B. Beschaffung, Vertrieb, IT) und die je nach konkretem Bedarf (z. B. Division, Märkte, Länder, ERP-System) kurzfristig um erforderliche Spezifika angereichert werden.

In diesem Zusammenhang sollten sowohl die breiten Vollprüfungen als auch die Prüfung kleiner Einheiten durch eine risikobezogene Auswahl der organisatorischen und thematischen Prüfungsobjekte ersetzt werden.

Effiziente Strukturen, die gleichzeitig flexibel auf neue Prüfungsanforderungen reagieren können, **erfordern ein mehrlagiges Organisationskonzept**, das nicht einmalig festgelegt und langfristig durchoptimiert wurde, sondern in dem sich stabile, differenzierende und innovative Bestandteile erfolgreich ergänzen.

Ziel ist es, die kostenoptimierte Organisation stabiler zu machen und sich wiederholende Aufgaben der Revisionstätigkeit zu standardisieren. Für Aktivitäten wie Reporting oder Qualitätssicherung aber auch für wiederkehrende Prüfungsaufträge sollte auf den Einsatz von Standards (z.B. für Prüfungsprogramme), gängiger Industriepraxis und optimierter Prozesse geachtet werden. Dieser Bereich sollte aus Ressourcen bestehen, die das Potenzial von Skaleneffekten realisieren können. Zudem sollte die Nutzung von „Low-cost"-Ressourcen Beachtung finden.

Ziel ist es weiterhin, die inkrementelle Entwicklung von anspruchsvollen Prüfungs- und Beratungsansätzen mit klarem Wertbeitrag zu ermöglichen. Für die Huber-Revision wäre das beispielsweise die Konzeption der Vorgehensweise hinsichtlich der Prüfungsfrage: „Haben wir die mit Digitalisierung und Connectivity verbundenen Risiken unter Kontrolle?". Organisatorisch ist dazu der Einsatz von hochqualifizierten und erfahrenen Personen in temporär zusammengestellten, cross-funktionalen Teams erforderlich.

Zudem ist die Etablierung eines entwicklungsorientierten Elements, versehen mit der Freiheit, neue, innovative Ideen für die Revision zu entwickeln, nötig (z.B. Chancen von Big Data für die Revision). Organisatorisch erfordert das kleine, fokussierte Inhouse-Teams mit erstklassigen Fähigkeiten in relevanten Kompetenzfeldern. Diese Teams sollten mit einem industrieübergreifenden Netzwerk aus Spezialisten, Peer-Companies, Standard-Settern sowie akademischen Institutionen arbeiten und mit diesen gegebenenfalls gemeinschaftliche Innovationsprojekte realisieren.

In allen drei genannten Bereichen sollte der Einsatz von Auditoren, die nicht fest der Revision angehören, Beachtung finden. Hierzu gehören neben unternehmensexternen Prüfern und Beratern auch unternehmensinterne Ressourcen, z.B. als Gastauditoren.

Ungeachtet des organisatorischen Modells müssen sich Revisionsressourcen aus der risikoorientierten Prüfungsplanung ableiten. Die Abdeckung neuer Risiken ist – bei gleichbleibender Risikoabdeckung – nur möglich, wenn bisherige Risiken in ihrer Bedeutung abnehmen (Prüfungsrelevanz verschwindet) oder der Bedarf an für die Prüfung erforderlichen Ressourcen sinkt. Ist beides nicht der Fall, führt die Aufnahme neuer Risiken bei konstanten Ressourcen zu einer sinkenden Risikoabdeckung und damit reduziertem Wertbeitrag.

Eine weitere Möglichkeit, die **Agilität der Revision zu steigern**, besteht in der Anwendung agiler Projektmethoden. Zwar eignet sich nicht jedes Revisionsprojekt für agile Ansätze, insbesondere für komplexe Revisionsaufträge (z.B. Prüfung der Wirksamkeit des Internen Kontrollsystems der konzernweiten Logistik mit einer Vielzahl von Prüfungstätigkeiten in verschiedene Divisionen, Regionen, Prozessen und IT-Systemen) ergeben sich hierdurch jedoch neue Möglichkeiten, z.B. durch:

- Ein verkürztes, aufeinander aufbauendes Prüfungsvorgehen anstelle langfristiger Projektplanung (Festlegung des Prüfungsscopes späterer Prüfungsphasen auf Basis der Ergebnisse vorangehender Prüfungsphasen anstatt einer vollständig von Anfang bis Ende durchgeplanten Prüfung),

- Erzeugung eigenständiger Teilprüfungsergebnisse anstelle eines finalen allumfassenden Prüfungsberichts und
- Reduktion von formalen Vorgaben – z. B. hinsichtlich eingesetzter Prüfungstechniken, Form und Umfang der Prüfungsdokumentation oder festgelegter Prüfungsschritte – auf ein sinnvolles Mindestmaß und Ausrichtung am Projektergebnis. Die Qualität dieses Ergebnisses sollte klar definiert und z. B. auch Dokumentationsanforderungen beinhalten, der Weg zum Projektergebnis sollte jedoch Freiheiten lassen.

Zur fortlaufenden Messung inwieweit die (neu) gesetzten Ziele der Revision erreicht werden, sollte eine **wertbeitragsbezogene Scorecard** für die Revision erstellt werden. Diese sollte die Kennzahlen enthalten, welche am besten den Erfolg der aus der Unternehmensstrategie abgeleiteten Revisionsstrategie abbilden. Die Indikatoren sollten quantitativer (objektiv, vergleichbar, verfügbar) sowie qualitativer Natur sein (zusätzliche Tiefe und Kontext der Revisionsleistung) und vorausschauende sowie nachlaufende Indikatoren beinhalten. Das ermöglicht dem Revisionsleiter einerseits, frühzeitig korrigierend einzugreifen, um die Wahrscheinlichkeit der Zielerreichung zu erhöhen, und andererseits den finalen Erfolg verbindlich zu bewerten.

Denkbar sind hier neben klassischen Kennzahlen (z. B. Anzahl Prüfungstage je Auditor p.a., Erfüllung der Prüfungsplanung) Scorecard-Elemente wie „Anteil Revisionsprojekte nach agilen Projektmethoden“ (quantitativ, vorausschauend), Zufriedenheit der Unternehmensleitung mit der Revision (qualitativ, nachlaufend), Feedback der geprüften Einheiten (qualitativ, nachlaufend), Verhältnis von Compliance vs. Leading Practice bezogener Feststellungen (quantitativ, vorausschauend), prozentuale Abdeckung von Hochrisikobereichen (quantitativ, nachlaufend), Einsatz von Spezialisten (quantitativ/vorausschauend).

Zusammenfassend lässt sich sagen, dass im Falle einer erfolgreichen Umsetzung des Konzepts die Fähigkeit der Konzernrevision, flexibel, aktiv, anpassungsfähig und mit Initiative in Zeiten des Wandels und der Unsicherheit zu agieren, wesentlich erhöht wird. Zudem gewährleistet die Ausrichtung an der Strategie und den Zielen der Gruppe und den hiermit verbundenen Risiken eine klare Fokussierung auf wertsteigernde Revisionsaktivitäten.

Angesichts der Ist-Situation steht die Revision der Huber GmbH vor großen Veränderungen. Derartige Anpassungen sollten als längerfristiger Change-Prozess verstanden werden und durch aktives Change Management mitgestaltet werden, das sowohl abteilungsintern als auch in der Kommunikation zu den Stakeholdern (Geschäftsleitung, Auditierten, Mitarbeitern, externen Dienstleistern) bewusst und aktiv unterstützt.

Lösungsvorschlag der Autoren

- Die Huber GmbH muss diesen Vorfall nutzen, das Corporate Governance-System kritisch zu hinterfragen und umzugestalten. Obwohl eine Interne Revision bereits vorhanden ist, ist dies unter Kosten- und Zeitaspekten eine schwer zu lösende Aufgabe.
- Der Fokus muss darauf liegen, die Revisionsprozesse zukunfts- und risikoorientiert zu gestalten. Diese Neuausrichtung muss zudem eine gemeinsame Arbeitsteilung der Bereiche Interne Revision, Controlling sowie Risikomanagement beinhalten.

Ausgangssituation

Nach Eintreten eines großen Schadenfalls mit Korruptionsvorwürfen ist das offensichtlich mangelhafte Corporate Governance-System der Huber GmbH in die Kritik der Wirtschaftsprüfer geraten. Die Interne Revision muss nun auf den Prüfstand gestellt und die Wirksamkeit der Revisionsprozesse erhöht werden.

Problemstellung

Resultierend aus den Geschehnissen stellen sich folgende Fragen: Wie ist das Risikobewertungssystem zu gestalten? Wie lässt sich die Zusammenarbeit diverser Bereiche verbessern, um mittels Informationsaustausch und Arbeitsteilung die Prüfungseffizienz zu steigern? Wie kann dennoch mehr Zeit für Gespräche zugesichert werden?

Der Lösungsvorschlag ist unter Berücksichtigung der Kapazitätsrestriktionen der Zentralabteilung Interne Revision zu entwickeln.

Lösungsansätze

Die aktuellen Vorfälle zwingen den Konzern, einen Lösungsvorschlag „Agile Revision“ zu entwickeln. Jedoch muss dies unter Berücksichtigung der Kapazitätsrestriktionen erfolgen. Um die Mängel im Governance-System aufzudecken und auch zu beheben, besteht zwar bereits schon ein „Three Lines of Defence“-Modell (vgl. *Abb. 60*), jedoch muss dieses nun erweitert und ausgebaut werden, ohne zusätzliche Kontrollen und damit verbundene zusätzliche Kosten zu verursachen.

Das Konzept „Agile Revision“ steht unter dem Ziel, einen messbaren Nutzen der Internen Revision zu erreichen. Demnach steht die Revision auf dem Prüfstand, mit dem besonderen Fokus, die Revisionsprozesse zukunfts- und risikoorientiert zu gestalten. Diese Neuausrichtung muss zudem eine gemeinsame Arbeitsteilung der Bereiche Interne Revision, Controlling sowie Risikomanagement beinhalten (angedeutet in *Abb. 61*).

Der Lösungsvorschlag ist unter Berücksichtigung der Kapazitätsrestriktionen der Zentralabteilung Interne Revision zu entwickeln. Dabei ist ein Risikobewertungssystem zu entwickeln, da Risikokriterien in der Prüfungsgesellschaft systematisch berücksichtigt werden müssen. Das bisherige System der regelmäßi-

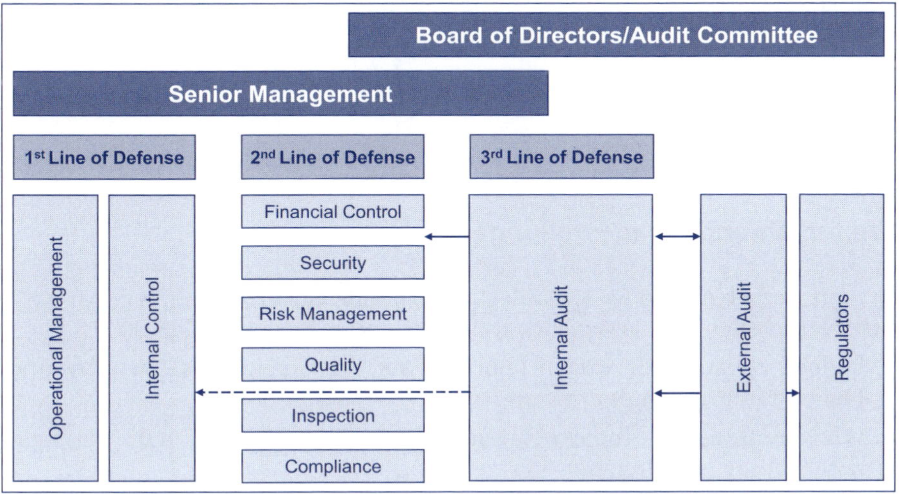

Abb. 60: „Three Lines of Defence"-Modell (The Institute of Internal Auditors 2013, S. 2)

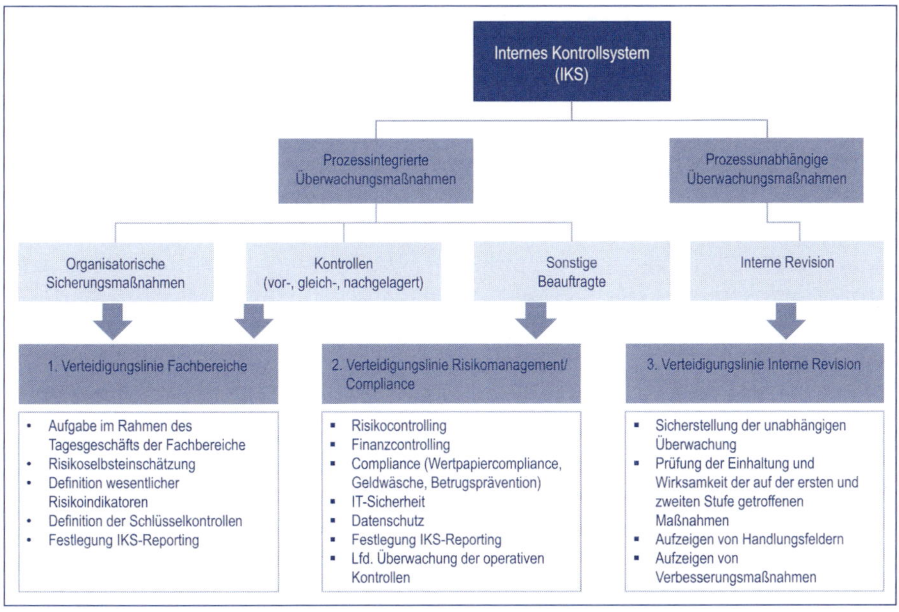

Abb. 61: Three Lines of Defence (Horváth/Gleich/Seiter 2015, S. 457)

gen Vollprüfung ist durch eine risikogewichtete Auswahl der Prüfungsbereiche zu ergänzen, was insbesondere für die vielen kleinen Geschäftseinheiten gilt.

Die Prüfungseffizienz sollte durch einen besseren Informationsaustausch und bessere Arbeitsteilung gesteigert werden, was durch eine verbesserte Zusammenarbeit mit den Bereichen Controlling, Risikomanagement und anderen Governance-Bereichen gewährleistet werden kann. Die Prüfungsberichte sollen zeitnahe Gestaltungsvorschläge an die Führung und das Management enthalten, weshalb mehr Zeit gesichert werden muss, um diese zu besprechen. Für das Thema IT-Risiken ist ein praktikabler Lösungsansatz zu entwickeln. Die „Visibility" der Internen Revision ist durch ein Kommunikationskonzept zu verbessern.

Weiterführende Fragestellungen

Zu den Aufgaben und Systematik der Corporate Governance sowie zur Rolle der Internen Revision lassen sich weitere wichtige Fragen stellen, so z. B.:

- Welche Herausforderungen kommen auf die Corporate Governance bei Huber durch die Digitalisierung zu?
- Wie könnte sich die Interne Revision bei der Huber GmbH in die Strategieentwicklung einbringen?

Literaturverzeichnis

Andelfinger, U., Battenfeld, J., Binder, J., Hackenholt, A., Revision von agilen Projekten, in: ZIR 5/2016.

Brown, M. G., Svenson, R. A., Measuring R&D Productivity, in: Research Technology Management, 4/1988, S. 11–15.

DIIR (Hrsg.), Internationalen Grundlagen für die berufliche Praxis (IPPF), 2016.

DIIR, IIA Austria, SVIR (Hrsg.), Enquête 2014 – Die Interne Revision in Deutschland, Österreich und der Schweiz, Frankfurt 2014.

Eßig, M., Hofmann, E., Stölzle, W., Supply Chain Management, München 2013.

Ewert, R., Wagenhofer, A., Interne Unternehmensrechnung, 7. Aufl., Berlin 2008.

Friedl, G., Hofmann, C., Pedell, B., Kostenrechnung, 2. Aufl., München 2013.

Gänßlen, S., Kraus, U., Dierolf, J., Frey, P., Controlling @ Hansgrohe, in: Gleich, R., Gänßlen, S., Losbichler, H. (Hrsg.), Challenge Controlling 2015, Freiburg et al. 2011, S. 23–39.

Gassmann, O., Perez-Freije, J., Eingangs-, Prozess- und Ausgangskennzahlen im Innovationscontrolling, in: Zeitschrift für Gleich, R. et al., Moderne Budgetierung – einfach, flexibel, integriert, in: ICV Fachkreis Moderne Budgetierung (Hrsg., 2009), Moderne Budgetierung, Controlling-Berater Band 3, Freiburg 2009, S. 75–96.

Gleich, R. et al., Moderne Budgetierung: Praxisbeispiele, in: Gleich, R. et al. (Hrsg., 2015), Moderne Instrumente der Planung und Budgetierung, 2. Aufl., Freiburg/München 2015, S. 101–124.

Hoitsch, H.-J., Lingnau, V., Kosten- und Erlösrechnung, 3. Aufl., Berlin et al. 1999 (7. Aufl. 2007).

Horváth, P., Gleich, R., Seiter, M., Controlling, 13. Aufl., München 2015.

Jager, M, Experten-Interview zum Thema „Innovationscontrolling“, in: Gleich, R., Schimank, C. (Hrsg., 2015), Innovationscontrolling, Freiburg/München 2015, S. 13–21.

Küpper, H.-U., Friedl, G., Hofmann, C., Hofmann, Y., Pedell, B., Controlling, 6. Aufl., Stuttgart 2013.

Mertens, P., Bodendorf, F., König, W., Picot, A., Schumann, M., Hess, T., Grundzüge der Wirtschaftsinformatik, 11. Aufl., Berlin, Heidelberg 2012.

Meyer, P., The Agility Shift – Creating agile and effective leaders, teams and organizations, 2015.

Munck, C., Chouliaras, E., Gleich, R., Innovationscontrolling-Audit, in: Zeitschrift für Controlling (ZfC), 26 (2014) 2, S. 109–115.

Munck, C., Robers, D., Innovation Performance Measurement: Auf die richtigen Kennzahlen kommt es an, in: Gleich, R., Schimank, C. (Hrsg., 2015), Innovationscontrolling, Freiburg/München 2015, S. 47–62.

Preußing, J., Agiles Projektmanagement – Scrum, use cases, task boards & co., 2015.

Schentler, P., Lindner, F., Gleich, R., Innovation Performance Measurement, in: Gerybadze, A., Hommel, U., Tomaschewski, D. (Hrsg.), Innovation and International Corporate Growth, Berlin, München 2010, S. 299–319.

Schmidt, K., Gleich, R., DEKRA Innovationsbarometer: Strategien und Strukturen für eine hohe Innovationsfähigkeit, EBS European Business School, Oestrich-Winkel 2009.

Steinhaus, I., Die digitale Supply-Chain: Zwischen Lean und Agile, in: CEDO 3/2016.